AI 全能应用一本通

让人工智能成为你的效率神器　　秋叶　郑远霞　朱超　著

人民邮电出版社

北京

图书在版编目（CIP）数据

AI 全能应用一本通 ：让人工智能成为你的效率神器 / 秋叶，郑远霞，朱超著. -- 北京 ：人民邮电出版社， 2024. -- ISBN 978-7-115-65556-1

Ⅰ．TP18

中国国家版本馆 CIP 数据核字第 2024U01X04 号

内 容 提 要

随着 AI 技术的不断发展，AI 的相关应用逐渐覆盖了人们日常工作、学习和生活的方方面面，大语言模型的普及则是其中的典型。本书正是聚焦于大语言模型的应用，旨在全面提升读者大语言模型的使用水平。

本书共 8 章，介绍与 AI 沟通的基本技巧，并讲解了大语言模型在职场应用、沟通与表达、新媒体运营、营销文案写作、高效学习、教育教学及生活娱乐等 7 个方面的使用方法与技巧。

本书内容以案例为出发点，紧扣方法的实用性，适合需要在工作、学习与生活中提升效率的读者以及对 AI 应用感兴趣的读者阅读。

◆ 著　　　秋　叶　郑远霞　朱　超
　责任编辑　马雪伶
　责任印制　胡　南

◆ 人民邮电出版社出版发行　北京市丰台区成寿寺路 11 号
邮编 100164　电子邮件 315@ptpress.com.cn
网址 https://www.ptpress.com.cn
三河市君旺印务有限公司印刷

◆ 开本：720×960　1/16
印张：14.5　　　　　　　　　2024 年 12 月第 1 版
字数：227 千字　　　　　　　2024 年 12 月河北第 1 次印刷

定价：89.80 元

读者服务热线：(010)81055410　印装质量热线：(010)81055316
反盗版热线：(010)81055315
广告经营许可证：京东市监广登字 20170147 号

目录 CONTENTS

第1章 与AI沟通的基本技巧

1.1_ 想要用好AI，先要学会向AI提问的方法　　002

1.2_ 指令式提问：确保得到更精准的答案　　003

1.3_ 角色扮演式提问：秒变专家的AI更睿智　　007

1.4_ 关键词提问：让回答更具针对性　　009

1.5_ 示例式提问：让AI快速理解你的需求　　014

1.6_ 引导提问：让AI生成更多创意　　017

1.7_ 发散提问：让AI提供多种创意思路　　019

第2章 职场应用

2.1_ 个人简历　　024

2.2_ 演讲稿　　028

2.3_ 工作计划　　031

2.4_ 工作总结　　032

2.5_ 创意策划　　035

2.6_ 会议邀请函　　038

2.7_ 通知　　040

2.8_ 会议发言　　042

2.9_ 会议纪要 　　　　　　　　　　　　043
2.10_ 商业计划书 　　　　　　　　　　045
2.11_ 商业信函 　　　　　　　　　　　047
2.12_ 职业生涯规划 　　　　　　　　　050
2.13_ 面试题库 　　　　　　　　　　　052
2.14_ 写营销活动策划案 　　　　　　　055
2.15_ 生成 PPT 大纲 　　　　　　　　056
2.16_ 搜索图片 　　　　　　　　　　　059

第 3 章 沟通与表达

3.1_ 团队沟通话术 　　　　　　　　　062
3.2_ 商务谈判 　　　　　　　　　　　063
3.3_ 心理疏导 　　　　　　　　　　　064
3.4_ 让 AI 成为你的超级智囊团 　　　066
3.5_ 理解客户需求 　　　　　　　　　067
3.6_ 理解领导的要求 　　　　　　　　068
3.7_ 客服话术 　　　　　　　　　　　069
3.8_ 主播话术 　　　　　　　　　　　070
3.9_ 直播带货话术 　　　　　　　　　072
3.10_ 巧妙回复用户差评的话术 　　　 073
3.11_ 让 AI 更有"人情味" 　　　　　074

第 4 章 新媒体运营

4.1_ 提供选题 　　　　　　　　　　　078
4.2_ 标题撰写 　　　　　　　　　　　081
4.3_ 快速梳理思路大纲 　　　　　　　086
4.4_ 小红书笔记 　　　　　　　　　　090

4.5 公众号文章　　　　　　　　　　　095
4.6 知乎文章　　　　　　　　　　　　099
4.7 短视频口播文案　　　　　　　　　104
4.8 剧情类短视频脚本　　　　　　　　108
4.9 豆瓣书评　　　　　　　　　　　　112
4.10 旅游攻略　　　　　　　　　　　 114
4.11 朋友圈文案　　　　　　　　　　 119

第 5 章　营销文案写作

5.1 产品推广文案　　　　　　　　　　124
5.2 品牌宣传文案　　　　　　　　　　126
5.3 活动宣传文案　　　　　　　　　　128
5.4 电商销售文案　　　　　　　　　　131
5.5 品牌故事　　　　　　　　　　　　133
5.6 企业宣传册　　　　　　　　　　　136
5.7 产品手册　　　　　　　　　　　　139
5.8 购物指南　　　　　　　　　　　　142
5.9 产品评测　　　　　　　　　　　　144

第 6 章　高效学习

6.1 自动翻译　　　　　　　　　　　　150
6.2 制订学习计划　　　　　　　　　　154
6.3 查询知识　　　　　　　　　　　　156
6.4 学习语言　　　　　　　　　　　　157
6.5 信息核查　　　　　　　　　　　　158
6.6 精华提炼　　　　　　　　　　　　159
6.7 文献阅读　　　　　　　　　　　　163

6.8　论文写作　166
6.9　论文查重　171
6.10　实验报告　172
6.11　调研报告　176

第 7 章　教育教学

7.1　一键生成培训大纲　182
7.2　提升备课效率　184
7.3　作业点评　187
7.4　教学思路拓展　188
7.5　生成试卷　189
7.6　让 AI 造句　191
7.7　教学内容优化　192

第 8 章　生活娱乐

8.1　诗歌创作　196
8.2　随心写诗　198
8.3　模仿古人写诗词　199
8.4　小说创作　201
8.5　剧本创作　204
8.6　散文创作　209
8.7　记录生活点滴　212
8.8　书写独一无二的人生　215
8.9　父母哄娃不发愁　218
8.10　解决家庭教育问题　221
8.11　生成食谱　222
8.12　规划旅游行程　223

第 1 章

与 AI 沟通的基本技巧

1.1 想要用好 AI，先要学会向 AI 提问的方法

在过去的一年多时间里，国内也涌现了许多优质的大模型，比如百度文心一言、阿里云通义千问、讯飞星火等，这些 AI 工具不仅功能日益强大，还基于对国内语言文化和多场景应用的深刻理解，展现了更强的本地化内容输出能力。

随着 AI 时代的到来，各种 AI 工具已经成为个人和企业提升效率、解决问题的重要利器，AI 正以前所未有的方式改变着我们的工作与学习模式。然而，许多人在使用 AI 工具时，常常陷入 AI 工具答非所问、文不对题的困境。要充分发挥 AI 工具的潜力，提升其解决问题的效率与准确性，一个重要的前提便是学会有效的提问技巧。

提问，看似简单，实则是一门学问。它不只是简单地向 AI 工具发出指令，更是一个深入思考和理解问题本质的过程，只有当我们学会了如何提问，才能更好地利用 AI 这一强大的工具，让它成为我们探索世界、解决问题的得力助手。

如果想充分发挥 AI 的潜力，我们就需要学会驾驭 AI，让它为我们带来更多的便利。下面介绍使用 AI 时的基本步骤，帮助你更好地利用 AI。

①明确目标或要求：在使用 AI 时，明确目标非常重要。我们需要先给 AI 设定一个身份，并告诉 AI 需要它完成的任务，如撰写一篇工作总结、一篇小红书笔记等。同时，需要明确要求，需要符合什么标准，达到什么效果，让 AI 充分了解我们的需求，这样 AI 才能生成符合我们要求的内容。

②逐步优化：为了得到更好的结果，我们可以逐步优化输入的问题，让 AI 更好地理解我们的需求。例如，可以通过修改关键词、补充细节要求等方式，引导 AI 生成更符合预期的内容。同时，不妨尝试在多个 AI 工具平台内测试，比较不同平台生成的结果，以找到最佳方案。

③审阅和修改：虽然 AI 的能力越来越强大，但它仍然无法完全替代人类。因此，在使用 AI 生成的文本时，我们需要仔细审阅并进行必要的修改，以保证内容的质量，同时使文本符合人们的阅读习惯。

1.2_ 指令式提问：确保得到更精准的答案

想要驾驭 AI，就要掌握与 AI 对话的技巧。从某种角度来看，和 AI 对话，就像给下属布置任务一样。同样的任务，同样的下属，会布置任务的领导总是更容易带领下属搞定任务。

来看这样一个案例。领导需要做一个宣传方案，下达了如下任务。假如你是下属，你更可能完成哪个领导布置的任务？

普通的领导　我们最近要和 ××× 品牌合作，需要出一个宣传方案，你来做一下，后天给我。

优秀的领导　最近 ××× 品牌要与我们合作。马上到五一劳动节，他们想围绕这个节日和他们的新产品，让我们出一个节日宣传方案，以带动这款新产品的销量。

这次活动主要面向 25~35 岁的女性人群，活动方案要求包含节日三天的每日宣传安排。

方案用 PPT 呈现，不要超过 10 页。

周五下午 6 点前将方案给我。

优秀的领导布置的任务更容易完成，对不对？——优秀的领导给出的信息完整，要求清晰。下属看了就知道工作任务是什么，否则下属就得花费大量时间和领导确认这个方案的具体要求。

当领导明确指出期望的结果、工作标准以及截止时间，下属能更好地理解任务要求，这不仅可以提高工作效率，还能避免不必要的误解和拖延。

在向 AI 提问时，给出的指令越清晰和具体，得到的结果越接近自己的期望。

> 指令式提问，就是提问者明确设定问题范围以及对回答的要求，通过精确、具体的指令引导 AI 生成符合预期的、更有针对性的信息。

什么样的指令才是好的指令呢？以下四大原则供大家参考。

✓ **结构清晰**

下达指令前，可以借助一些经典的结构（比如常用的 5W），让自己的表达更有逻辑、更顺畅，从而形成清晰的指令。

✓ **重点突出**

清晰地表达需求，可能会导致指令的内容较多。指令复杂，不利于 AI 理解提问者的需求。这时可以通过换行，突出每一条重要的指令信息。

✓ **语言简练**

多用短句，少用长句，有助于精简信息。

✓ **易于理解**

尽量使用表示量化或具体场景的词汇，尤其是在表达期望达到某一种效果的时候。比如当希望控制篇幅时，比起"不要太长"，明确给出"控制在 300 字以内"更容易让 AI 理解。

了解了以上原则后，我们会发现掌握一些常用的结构化提问思路，是用好指令式提问的关键。接下来我们就结合实际场景，来看看指令式提问的魅力。

参考结构：5W

英文单词	中文解释	提问启发
Why	何故	做这件事的原因是什么
What	何事	这件事具体是什么事
Who	何人	这件事有哪些人参与或者面向谁
When	何时	这件事什么时候做或者何时截止
Where	何地	在哪里做这件事

展示几个不同场景下的应用案例，以便大家理解什么是清晰的指令。

例：撰写标题

Before **不清晰的指令**

问 请你根据"人工智能对职场沟通的影响"这个选题帮我撰写几个文章标题。

After **清晰的指令**

问 请你根据"人工智能对职场沟通的影响"这个选题来帮我撰写文章标题，写10个，有以下4点要求。

1. 标题中体现具体的读者群体。

2. 针对读者群体的需求提供有价值的信息。

3. 读者群体：创业者、营销人员、商务写作人群等。

4. 每个标题不超过25个字。

例：生成朋友圈文案

Before **不清晰的指令**

问 我想在朋友圈中向朋友推荐×××产品，请帮我写一条朋友圈"种草"文案。

After **清晰的指令**

问 我想在朋友圈中向朋友推荐×××产品，请用以下框架帮我写一条号召用户购买×××产品的社交媒体文案，控制在150字左右。

一、问题陈述

二、情感引导

三、解决方案

四、行动号召

五、强调意义

AI虽然任劳任怨，不会发脾气，不会提出抗议，但是如果指令不清晰，它只能把工作做到60分，甚至不及格的水平。

> 问题不是出在 AI 身上。不会提问的人,得不到好的答案。

指令式提问的应用场景非常广泛,是很常用的 AI 提问方法。下面继续展示一些案例,以便大家举一反三,学会训练 AI。

例:撰写会议议程

Before 不清晰的指令

问 帮我写一个会议议程。

After 清晰的指令

问 请帮我写一个会议议程,要求按照以下格式。

1. 会议开场
2. 上半年工作总结
3. 项目进展汇报
4. 活动介绍
5. 会议讨论
6. 会议决议

最后请用表格呈现。

例:创作短视频脚本

Before 不清晰的指令

问 帮我写一个家庭教育方面的短视频脚本。

After 清晰的指令

问 帮我创作一个吸引人的短视频脚本,要求如下。

1. 视频主题:关于家庭教育,如何激发孩子的自驱力。
2. 目标受众:3~15 岁年龄段孩子的父母,脚本要能让他们意识到催促吼叫不能解决孩子拖拉磨蹭的问题,以及如何激发孩子的自驱力。
3. 视频时长:1 分钟。
4. 视频风格:情景剧和知识讲解相结合的形式。

1.3_ 角色扮演式提问：秒变专家的 AI 更睿智

试想一下，我们在遇到问题或者想要学习某一个领域的知识时，会更倾向于询问完全没有经验的小白，还是有丰富经验的专家？

比如，当想找人帮自己制订一个健身计划时，你会找下面哪个人？

A. 大学生

B. 健身教练

相信大多数人都会选择有相关经验的健身教练。

如果说指令式提问适合很了解自己需求的专业用户，那么使用角色扮演式提问，就是让 AI 变成专家。

角色的转变会大大提升 AI 回复的质量，神奇吧？

或许有些人会有疑问，给 AI 赋予专家身份，AI 就真的能成为专家吗？

AI 拥有强大的数据库，当用户在跟 AI 对话时，用户发出的每一次指令，其实都是在调用 AI 数据库中的信息。用户发出的指令越明确，AI 调用的信息越精准。

当用户赋予 AI 特定身份时，AI 也会匹配更符合该身份的数据库信息。因此，如果想要 AI 更好地完成一项特定任务，可以先赋予它专家身份。

使用角色扮演式提问时，提问者需要明确 AI 需要扮演的角色，并清晰地表达。提问者可以使用一些句式帮助 AI 理解它将要扮演的角色，例如：

我想让你扮演一名 ×××

假设你是 ××××

请你担任 ××××

你是一位 ××××

来看看下面的案例。（仅展示 AI 回答的部分内容。）

例：新媒体选题策划

Before 未赋予身份

问 最近 AI 应用很火，我想针对 AI 在新媒体写作方面的应用进行介绍。请你给我提供 10 个与之相关的新媒体文章选题。

答
1. AI 在内容营销中的实际应用与案例分析
2. 利用 AI 进行新闻报道与社论写作的探索
3. AI 与人类的完美结合：探索新媒体写作的新方式
4. 利用 AI 提升社交媒体平台内容策划和运营效率

（更多内容，略）

After 赋予身份

问 你是一位资深的新媒体文案创作者。最近 AI 应用很火，我想针对 AI 在新媒体写作方面的应用进行介绍。请你给我提供 10 个与之相关的新媒体文章选题。

答
1. 如何利用 AI 优化内容，提升新媒体创作效率
2. 新媒体营销：AI 如何提升品牌故事的吸引力
3. 新媒体写作助手：AI 如何助力个人品牌建设
4. 提升内容质量：AI 助你优化新媒体文章的结构

（更多内容，略）

下面的表格中列出了更多使用角色扮演式提问的例子，相信这一定可以打开大家的提问"脑洞"。

赋予的身份	参考指令
会计	我想让你扮演一名专业会计，为小企业制订一个财务计划，重点是节约成本
诗歌创作者	你现在是一位非常优秀的现代诗歌创作者，请你以"梦想中的未来"为主题写一首诗歌
数学老师	我想让你扮演一名数学老师。我会提供一些数学公式或概念，请用通俗易懂的语言解释它们。我的第一个请求是"我需要你帮助我理解'概率'这个概念"

1.4 关键词提问：让回答更具针对性

请试着代入一下这个场景，领导说要做一个关于竹筒奶茶的新项目，让你来负责。你若不知道从哪里入手，会怎么问领导？

提问一： 领导，这个项目我没接触过，该咋做呀？

领导听你这么问，估计不会给你明确的回答，甚至会认为你不想做这个项目。

提问二： 领导，为了完成这个项目，我应该先分析市场需求还是先制订预算？

如果这么问，领导就会给你指明接下来工作的重点方向，甚至会给你增加人手，从而让你顺利完成这个项目。

显然，在这个场景里，提问二抓住了提问的关键点，"分析市场需求"和"制订预算"是两个非常明确的关键词，有了这两个关键词，领导才能给你提供建议和指导。

其实在这个场景里，你可以将领导看作 AI，而你作为提问者，只有掌握了使用关键词提问的技巧，才可能获得想要的回答。

那么什么样的关键词是好的关键词呢？请试着对比分析一下这两句话。

提问一： 在婚姻中，如何保持幸福感？

提问二： 在婚姻中，如何保持生活的富足和身心的愉悦？

看到第一个问题时你会怎么回答？是不是感觉问得太宽泛了，不知道要从何说起。

而第二个问题一下子抓住重点，"生活的富足"和"身心的愉悦"是关键词，聚焦这两点，你就可以进行回答。

再看一下这两句话。

提问一： 亲爱的，晚餐你想吃什么？

提问二： 亲爱的，晚餐你想吃火锅还是烧烤？

在这个场景中，相较于提问一，提问二中不仅有主题，还给出了具体的选择（"火锅"还是"烧烤"），回答者需要思考的范围更小，提问者从而可以更快获得具有针对性的回答。

相信你已经看出来了，关键词提问是通过将关键词放在问题或指令中，帮助 AI 更准确地理解提问者的问题，让 AI 的回答更具针对性。

好的关键词提问通常是**清晰、具体、明确**的，这可以让 AI 更准确地理解提问者的意图，同时也能更精准地回答问题。

那么，如何确定关键词、进行好的关键词提问呢？以下是一些具体的建议。

- ✅ **确定问题核心**

  首先思考问题的核心是什么。好的关键词通常可以直接反映问题的主要内容。

- ✅ **保持简洁**

  避免使用过多的关键词。选择最相关、最能描述问题的关键词，以简洁明了的方式提问。

- ✅ **使用专业术语**

  如果适用，请使用相关领域的专业术语。这可以提高提问的准确性，让回答更具针对性。

- ✅ **避免歧义**

  确保所选关键词在语境中清晰无误，避免使用容易引起误解的关键词。

- ✅ **结合具体情景**

  尽量将关键词与具体的情景、案例或背景相结合，以便 AI 更好地理解问题。

✅ **尝试使用同义词**

如果发现关键词不够准确或没有得到满意的回答,可以尝试使用同义词或其他相关词汇。

✅ **适度细化问题**

如果问题过于宽泛,尝试将其细化,使用更具体的关键词来描述问题。

来看几个不同场景下关键词提问的应用案例。(仅展示 AI 回答的部分内容。)

对比 1:

Before 关键词模糊

问 如何让 PPT 更好看?

答
1. **设计简洁**:保持幻灯片设计简洁明了。
2. **颜色搭配**:选择和谐的颜色搭配,以使演示文稿整体协调。
3. **字体选择**:使用易读的字体,以确保呈现出的信息清晰易懂。
4. **字体大小**:确保字体大小适合观众阅读,不要过小。
5. **信息呈现**:避免在幻灯片上堆砌过多文字。

After 关键词具体

问 如何让 PPT 排版更简洁?

答
1. **模板选择**:选择一个合适的 PPT 模板,这将为整个演示文稿提供一个统一的基础。
2. **统一配色方案**:在整个演示文稿中使用相同的配色方案,以确保视觉上的一致性。
3. **统一字体**:全文使用一种或两种字体,以保持幻灯片的一致性。
4. **保持字体大小一致**:确定合适的字体大小并在整个演示文稿中保持一致。
5. **使用主题**:利用 PowerPoint 的主题功能,可以轻松地将相同的设计元素、颜色和字体应用到整个演示文稿中。

6. 图片质量：使用高质量的图片，避免使用模糊或低分辨率的图片。

7. 一致性：保持幻灯片的设计、字体和颜色等元素的一致性。

（更多内容，略）

6. 统一图表和图形风格：在演示文稿中使用相同风格的图表、图形和图像。

7. 一致的动画和过渡效果：为幻灯片添加动画和过渡效果时，尽量保持简洁、统一。

（更多内容，略）

对比 2：

Before 关键词模糊

问 如何备考？

After 关键词具体

问 怎样通过自学考上大学？

答
1. 确定考试内容：了解考试的范围、结构和难度。
2. 制订学习计划：根据考试内容和自己的时间安排，制订合理的学习计划。
3. 学习资料准备：准备好相关书籍、笔记、练习题等学习资料。
4. 积累知识：根据学习计划，有计划地进行学习，并逐步积累知识和技能。
5. 做模拟题：在备考过程中，可以通过做模拟题来检验自己的掌握情况和水平。

（更多内容，略）

答
1. 了解自学考试政策和规定：不同省份的自学考试政策和规定可能有所不同。
2. 选择报考学校和专业：根据自己的兴趣和职业规划，选择适合自己的学校和专业。
3. 制订学习计划：自学考试需要自主学习，需要制订合理的学习计划。
4. 准备考试：准备阶段需要积累知识和技能，可以通过……
5. 参加考试：自学考试通常有两个阶段，第一个阶段是初试，第二个阶段是复试。

（更多内容，略）

对比3：

Before **关键词模糊**

问 如何赚到第一桶金？

答
1. 找工作：通过投递简历、面试等方式找到一份稳定的工作，获得第一笔收入。
2. 兼职打工：通过在学校、社区、商场等地方找到兼职工作，赚取第一笔零花钱。
3. 利用技能赚钱：如果你具备某些技能，比如绘画、编程、翻译等，可以利用这些技能赚取收入。

（更多内容，略）

After **关键词具体**

问 新媒体编辑如何在五年内月入过万？

答
1. 专业素质：一名优秀的新媒体编辑，需要具备扎实的文化素养、优秀的写作能力、熟练的新媒体运营技能以及较好的审美能力。
2. 敏锐的洞察力：要成为一名成功的新媒体编辑，需要有敏锐的洞察力，能够准确地把握社会热点、关注用户需求，及时发布内容，吸引读者关注和参与。
3. 优秀的团队合作能力：要在新媒体行业中获得成功，需要与团队紧密合作，共同完成任务。

（更多内容，略）

更多使用关键词提问的案例如下。

例：生成一张照片

Before **关键词模糊**

问 帮我生成一张黄昏的照片。

After **关键词具体**

问 帮我生成一张长宽比为4∶6、油画风格的海上落日照片。

例：撰写推文

Before　关键词模糊

问　帮我写一篇职场推文。

After　关键词具体

问　帮我写一篇面向25岁左右的职场人、关于领导力的1000字左右的推文。

1.5_ 示例式提问：让 AI 快速理解你的需求

无论在职场中，还是在生活中，我们可能都会遇到类似下边的情况。

场景一：设计师做了几版方案都没通过，和甲方沟通，对话如下。

甲方说： 我要的图不是这种感觉，要那种五彩斑斓的黑！

设计师想： 什么感觉？五彩斑斓的黑是什么黑色？色卡上没有呀！

场景二：热恋中的情侣，女孩因为男孩买的礼物不称心而吵架。

女孩说： 我要收到的礼物必须是少女感十足的、可爱的。

男孩想： 少女感是什么样的感觉？不就是买粉色的吗？

有没有发现，上述两个场景中，甲方和设计师无法达成一致，男孩无法明确女孩的喜好，都是因为甲方或者女孩的表达非常模糊，没有参照物，这造成双方沟通时鸡同鸭讲，彼此都不满意。

我们发现，就算给了具体的指令或者要求，每个人在理解指令或者要求的时候,仍然会出现偏差,这时候最好的办法是什么呢?

给对方一个示例,方便他理解。比如:

甲方给设计师一张用理想中的黑色做的设计图作为参考;

女孩把自己喜欢的少女感十足和可爱的物品分享给男孩,增强他对自己喜好的理解。

和 AI 沟通也是一样,除了给出清晰的指令或者要求,如果提问者能给出示例,那么 AI 给出的回答将会更加贴合提问者的需求。来看看下面这个案例。

例:写口播脚本

Before **未提供示例**　　After **提供示例**

问 我现在想让你帮我创作一个短视频口播脚本,主题为:如何避免孩子有讨好型人格。

问 我现在想让你帮我创作一个短视频口播脚本,主题为:如何避免孩子有讨好型人格。在这之前,我会给你一个爆款短视频的口播脚本,请你学习并总结这个口播脚本的特点,并应用到接下来的创作中。

好孩子都不是"吼"大的,更不是"吓"大的!
多跟孩子说这五句话,你越夸,他越优秀。
我干了十多年家庭教育,用这五句话帮助了很多学生。
建议先点个红心收藏起来,想看时容易找到。
第一句,"今天作业写得认真,这些字没有一个写出格的。"这是在夸孩子的态度。态度很重要,态度决定行动。
第二句,"你整理的书桌比我整理得还要好。"这是在夸孩子的习惯。好习惯从小培养,从小事上培养。让孩子养成做事有条理的习惯,受益一生。

答 【开场】

主持人:亲爱的听众朋友们,欢迎收听今天的短视频口播节目。在这个节目中,我们将探讨一个非常重要的话题——如何避免孩子有讨好型人格。接下来,我们将为您提供一些建议,帮助您更好地为孩子的成长保驾护航。

【正文】

一、建立自信心

（具体内容，略）

二、教育孩子学会拒绝

（具体内容，略）

三、培养独立性

（具体内容，略）

四、教育孩子正确处理人际关系

（具体内容，略）

五、树立榜样

（具体内容，略）

【结尾】

主持人：亲爱的听众朋友们，以上就是我为您分享的关于如何避免孩子有讨好型人格的建议。希望这些建议能对您的家庭教育有所帮助！

第三句，"做得太好了！这件事儿这么难，你都没放弃，其实我知道很多同学没坚持下来，所以妈妈觉得你特别棒！"这是在夸孩子有毅力。做事有毅力，孩子以后无论面对多大的挑战，都不会轻易放弃。

（更多内容，略）

答【开头】你知道吗？讨好型人格可能让孩子一生都处于无尽的焦虑与压力之中。那么，如何避免孩子有讨好型人格呢？跟着我一起来看看这五个具体实用的方法吧！

【1】教育孩子学会拒绝

（具体内容，略）

【2】培养孩子独立思考的能力

（具体内容，略）

【3】赞美孩子的品质而非成绩

（具体内容，略）

【4】教育孩子学会处理人际关系

（具体内容，略）

【5】以身作则，树立榜样

（具体内容，略）

【结尾】家长们，让我们从现在开始行动，用这五个具体、实用的方法避免孩子有讨好型人格，让他们成为独立、自信的人！记得点赞、收藏、分享，让更多家长了解这些方法！

1.6_ 引导提问：让 AI 生成更多创意

你有没有过这样的经历？

领导把大家叫到办公室，大家面面相觑等着领导发话，结果领导说："今天开会不谈项目，主要是想和大家一起讨论下个月的活动主题，大家集思广益，有什么点子都可以说出来。"

如果你参加过这种会就知道，这是头脑风暴会。

通过头脑风暴，我们可以获得更多的新思路与创意。当面临棘手的问题时，头脑风暴不仅可以给我们提供多个解决方案，便于我们找到最佳方案，还有可能让我们获得审视问题的全新视角。

有了 AI 的帮助，我们就不用再拉着很多人一起开会了，因为 AI 就可以帮我们进行头脑风暴，而且它的知识面更广，审视问题的视角也更多。

那么，怎么让 AI 帮我们进行头脑风暴呢？

要引导 AI "思考"。

想要让 AI 提供更多的点子，只需要在我们想讨论的主题、问题前面加上"让我们思考一下"。这个提示可以让 AI 生成经过"深度思考"的文本，这对经常需要写作的人来说很有帮助。

假如我们想要写一篇关于 AI 给职场人士工作带来的冲击的文章，但是不知道有哪些好的角度，可以这样向 AI 提问。

问 让我们思考一下：AI 给职场人士工作带来了哪些冲击？

答 AI 对职场和工作的影响确实很大，主要体现在以下几方面。

1. 许多工作会被自动化。（具体内容，略）

2. 部分工作会发生变化。（具体内容，略）

3. 新的工作将产生。（具体内容，略）

4. 人工智能将提高生产力。（具体内容，略）

以上这种提问方式，叫作引导提问，这是一种鼓励回答者提供详细、完整和主观看法的提问方式。这类问题通常没有标准的答案，回答者需要根据他们的经验、观点和想法来表达自己的看法。

引导提问可以让回答者在思考和回答问题时更加深入，有助于产生新的见解。

引导提问具备如下特点。

·提问时，要使用开放性的问题，而不是问封闭性的、回答"是"或"否"的问题，这可以鼓励回答者提供更多选项和想法。

·通常以"为什么""怎么样""请描述"等开头，以引导回答者进行深入思考。

·可以促使回答者提供更丰富的信息，有助于深入了解回答者的想法和感受。

以下是使用引导提问的例子。

·在你的职业生涯中，哪次经历对你的影响最大？为什么？

·你是如何解决这个问题的？请详细描述你的处理过程。

·你认为未来五年内，这个行业将会发生哪些重大变化？

以下是使用引导提问的句式/提示词参考。

·除了用"让我们思考一下……"这个句式，还可以使用"让我们想一想……""让我们讨论一下……"等句式。

·继续追问，以扩大AI"思考"的范围。在AI提出一些想法后，你可以追问"这给了我一些新思路，还有什么其他的想法吗""在这个基础上我们还能想到什么"等问题，让AI继续提出新的想法。

·引导AI提供大胆和不可思议的想法。你可以说"不管想法有多疯狂，我都想听听""想些天马行空的主意"等，这可以让AI跳出常规思维，提供更有创意的想法。

更多引导提问的应用场景和参考指令如下。

应用场景	参考指令
提供活动主题	让我们思考一下：关于 AI 对职场人工作的冲击，可以有哪些活动主题
提供短视频脚本创意	让我们思考一下：关于 AI 对职场人工作的冲击，可以策划哪些有创意的短视频
提供文章撰写思路	让我们思考一下：关于 AI 对职场人工作的冲击，可以从哪些角度写文章

1.7_ 发散提问：让 AI 提供多种创意思路

发散提问是指尽可能从多个角度提出问题，从而获得更多的信息和思路，避免视角单一带来的局限性。

在借助 AI 创作的过程中，发散提问有哪些妙用？

当我们缺乏灵感时，使用发散提问可以让 AI 帮我们挖掘更多创意和想法；

当我们面临一个复杂问题时，使用发散提问可以让 AI 帮我们找到更多种可能的解决方案；

当我们需要深入研究某个主题时，使用发散提问可以让 AI 帮我们从不同的角度进行探索，挖掘新的信息；

当我们需要做决策或规划时，使用发散提问可以让 AI 帮助我们分析不同的选项的优劣，及不同选择可能产生的结果；

总之，使用发散提问可以让 AI 帮助我们拓展思路、打破常规思维，从而能更具创新性和创造性地思考问题。

可是很多人误以为发散提问就是让 AI 漫无目的地作答，例如，当想要借助 AI 生成一些具有创意的文章标题时，不懂提问技巧的人可能会像下面这样问。

问 帮我生成一些有创意的文章标题。

答 当然，以下是一些有创意的文章标题，供您参考。

1. 如何在繁忙的生活中保持创造力？
2. 未来五年中，我们的工作将发生哪些变化？
3. 为什么创新是企业成功的关键？
4. 你的自我价值观如何影响你的职业生涯？
5. 用设计思维解决现实生活中的问题
6. 新科技如何改变我们的未来？
7. 创业者需要了解的八大领域
8. 社交媒体对个人和社会的影响
9. 以人为本的商业模式如何影响未来的企业？
10. 如何利用数据分析提高业务效率？

不难发现，这样提问得到的回答确实具有很强的发散性，但我们很难快速得到符合需求的内容。

上边的提问过于注重发散性，而忽略了关键提示。

什么是 AI 所需的关键提示？

主要有三点：背景信息、所需内容和具体要求。

把这三点合并为一个整体，即为一个好的发散问题。

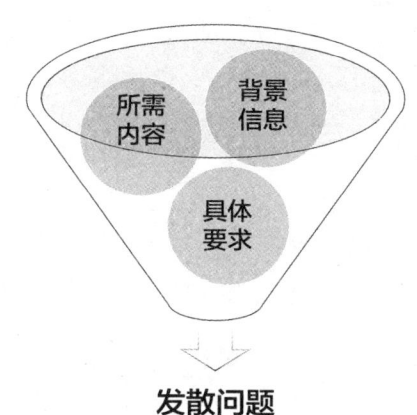

借助上方这张漏斗图辅助思考,我们可优化上边的提问,获得更具针对性的回复。当想要借助 AI 生成一些具有创意的文章标题时,我们需要给 AI 以下关键提示。

(1)背景信息:文章内容。

(2)所需内容:n 个文章标题。

(3)具体要求:能引起读者好奇心,吸引读者点击阅读。

由此我们很容易就能提出不错的发散问题,例如:

"请阅读以下文章,帮我生成 10 个文章标题,要求:能引起读者好奇心,吸引读者点击阅读。(文章内容,略)"

"请生成 10 个文章标题,要求:激发读者的兴趣和好奇心。文章内容概要如下:(略)。"

了解了什么是发散提问,以及如何运用漏斗图提出一个好的发散问题后,下面看看在不同场景下使用发散提问的案例。

例:提高业绩

Before 常规提问

问 如何提高销售业绩?

After 发散提问

问 我是一名女装店店员,请给我 5 个能提高销售业绩的方法,要求:操作简单易学。

例：取标题

Before 常规提问

问 帮我取5个关于蓝牙耳机的标题。

答 好的,以下是5个关于蓝牙耳机的标题。
1. 这些功能让你的蓝牙耳机变得更加智能
2. 蓝牙耳机的优点和劣势
3. 蓝牙耳机的未来：预测和趋势
4. 如何清洁和保护你的蓝牙耳机？
5. 一款好的蓝牙耳机可以带来哪些便利？

After 发散提问

问 请帮我取5个优质的微信公众号文章标题，文章主题是"推荐几款蓝牙耳机"，要求如下。
1. 突出重点：标题带有一些形象生动的词语或者数字。
2. 简短精练：标题的字数在30以内。
3. 引人入胜：标题能够引起读者的兴趣和好奇心，使读者想要进一步阅读文章。

答 根据您的要求，我提供以下5个优质的标题。
1. 听音乐，就选它！蓝牙耳机大测评！
2. 舒适度、音质、外观设计……如何选择适合自己的蓝牙耳机？
3. 需要一款好的蓝牙耳机？来试试我推荐的这几款吧！
4. 从颜值到音质，这几款蓝牙耳机不容错过！
5. 推荐三款最适合运动爱好者的蓝牙耳机！

第 2 章

职场应用

2.1 个人简历

简历往往能体现一个人的专业水平、职业习惯、工作态度。一份优秀的简历能在第一时间吸引面试官的注意，让面试者脱颖而出。

如果你在写简历时毫无头绪，更不清楚如何展现自己，以获得面试官的青睐，不妨借助 AI 写一份让面试官眼前一亮的个人简历。

可以按照以下思路引导 AI 生成简历。

第一步，让 AI 提供简历框架。 首先让 AI 认识到自己是一位资深面试官，接下来 AI 的回答才会更具针对性和专业性。然后让 AI 提供简历框架。

问 你是一位资深面试官，接下来你需要站在面试官的视角回答我的所有问题。

请告诉我：一份优秀的个人简历需要包含哪些板块。

答 一份优秀的个人简历需要包含以下几个板块。

1. 个人信息：包括姓名、联系电话、地址、电子邮件等基本信息。
2. 职业目标：明确自己所申请的职位，突出自己的求职意愿和目标。
3. 教育背景：列出自己的学历、毕业院校和专业等。
4. 工作经历：按照时间顺序列出自己的工作经历，包括公司名称、职位、工作内容和业绩等。
5. 技能与能力：突出自己的专业技能、语言能力、计算机技能、沟通能力等。
6. 奖项与荣誉：列出自己获得的奖项、荣誉等，突出自己的成就。
7. 其他信息：如社会活动经历、爱好等，可以在适当的情况下加以突出。

第二步，填充信息，生成简历。

问 很好，以下是我的相关信息，请你帮我生成一份简历，并从资深面试官的视角提出具体改进建议。

1. 个人信息：姓名 张三，联系方式 8888××××，邮箱 888××@××.com。

2. 申请的职位：微信公众号主编。

3. 教育背景：本科，××大学新媒体广告学专业。

4. 工作经历：2018年至2023年，××公司微信公众号编辑，主要工作内容就是为微信公众号"秋叶PPT"撰写文章，共写了888篇文章，其中有88篇的阅读量超10万。

5. 技能与能力：熟练使用PS、PPT、Word、Excel，英语六级。

6. 奖项与能力：全媒体运营师高级证书。

7. 其他信息：爱好阅读。自我评价：有责任心，有创意。

答 个人简历

基本信息

姓名：张三

联系方式：8888××××

邮箱：888××@××.com

求职意向

目标职位：微信公众号主编

教育背景

· ××大学

新媒体广告学专业，本科

（请填写入学及毕业年份，如2014年9月–2018年6月）

工作经验

微信公众号编辑

××公司

2018年××月–2023年××月

· 主要职责：负责微信公众号"秋叶PPT"的日常内容创作与编辑工作，确保内容质量及发布频率。

· 核心成就

  ○ 累计撰写并发布888篇文章，展现了强大的内容产出能力。

  ○ 成功打造88篇阅读量超10万的爆款文章，显著提升了公众号的影响力，增强用户黏性。

○紧跟行业动态，在内容形式与选题方面创新，有效吸引并留住目标读者群体。

技能与能力

・专业技能：精通 PS、PPT、Word、Excel 等软件，能够独立完成图文编辑、排版及数据分析工作。

・语言能力：……

・专业资质：……

奖项与荣誉

・全媒体运营师高级证书：通过专业考核，获得行业认可的高级资质认证。

个人兴趣与自我评价

・爱好：热爱阅读，广泛阅读各类书籍，尤其关注新媒体、广告创意及市场营销等领域，不断拓宽知识面。

・自我评价：具备较强的责任心与团队合作精神，能够在高压环境下保持高效工作……

改进建议

1.突出成果：在描述工作经验时，除了列举具体数字外，可以进一步阐述这些成果对公司或公众号的具体贡献，如"通过优化选题，成功将公众号用户的活跃度提升了××个百分点"。

2.技能实例：……

3.目标岗位匹配度：……

第三步，反馈迭代。 如果对简历不满意，可以让 AI 进行优化。

问 很好，但还需要增加吸引力、提升专业性、突出工作业绩，请优化。

答 （略）

你还可以这样问

还可以让 AI 结合具体的岗位招聘需求，有针对性地优化简历。

问 我准备申请××公司的××微信公众号主编这个职位，请根据对方的岗位要求继续优化简历，让简历更具针对性和吸引力。

岗位职责：

1. 带领编辑团队创作，提高团队的稿件质量；

2. 搭建稿件库，提高投稿质量；

3. ……

任职要求：

1. 文字功底深厚，从事微信公众号编辑工作至少1年，写过爆文可加分；

2. 文采飞扬的"段子手"、脑洞大开的策划大咖优先；

3. ……

注意事项

1. 提问前可以赋予 AI "资深面试官""专业简历优化人"等身份，以此让它提供更专业的指导建议并生成优秀的个人简历。

2. AI 在优化简历时可能会根据收到的信息，夸大、扩写一些内容，请注意核对、甄别和修改，以免出现简历造假的情况。

拓展练习

1. 小明是小区物业工作人员，工作经历很普通，写不出亮点。让 AI 帮小明具体描述这份工作的价值。

2. 让 AI 用 STAR 法则，把你的工作经历改写成标准的简历。STAR 指情境（situation）、任务（task）、行动（action）、结果（result）。

3. 让 AI 优化你的简历，比如增加一些量化表述，让简历更具体、更有说服力，同时让面试官更直观地了解你的价值。

2.2_ 演讲稿

职场上需要演讲的场合非常多,小到会议发言、员工培训,大到产品推广、资源申请、招商引资。

一篇好的演讲稿可以帮助演讲者更好地表达观点、传达信息,让演讲更加精彩、更具有说服力。如果缺乏撰写优秀演讲稿的经验,可借助 AI 强大的写作能力生成演讲稿。

第一步,询问所需信息。 如果不清楚需要向 AI 提供哪些信息,可以直接问 AI。

问 请帮我写一篇演讲稿,你需要我提供哪些信息?

答 为了写出符合您需求的演讲稿,我需要了解以下信息。

1. 演讲主题:您需要讲述哪一主题?
2. 受众群体:您的演讲对象是谁?请提供他们的背景、年龄、职业等信息。
3. 演讲时长:您的演讲需要控制在多长时间内?
4. 演讲场合:您的演讲是在哪种场合?例如会议、庆典、招聘面试等。
5. 您想要表达的信息:您希望通过这次演讲向观众传达什么信息?您想要让观众收获什么?
6. 您的演讲风格:您希望的演讲风格是什么样的?例如幽默、慷慨激昂、平静沉着等。
7. 您的个人经历或故事:如果您想要加入个人经历或故事来丰富您的演讲内容,我也需要了解这些信息。

了解以上信息可以让我更好地为您撰写演讲稿,期待为您服务。

第二步,提供背景信息,确定主题。

问 我需要作为优秀员工代表,在"优秀员工表彰大会"上做一场演讲,请给我提供 10 个演讲主题。

要求:振奋人心、鼓舞士气;每个主题控制在 20 个字以内。

答 1. 团队协作：携手共创辉煌未来

2. 创新精神：点燃激情，驱动变革

3. 客户至上：以服务赢得信赖

4. 挑战突破：在困难面前永不言败

5. 责任担当：肩负使命，勇往直前

6. 智慧领导：用正能量引领未来发展

7. 目标导向：明确方向，高效达成

8. 勤奋耕耘：用汗水铸就辉煌成就

9. 诚信为本：正直诚信，事业之基

10. 激情奉献：热爱工作，超越自我

第三步，完善信息，生成演讲稿。

问 请帮我写一篇演讲稿，以下是相关信息。

演讲人：作为"优秀员工代表"的我

演讲主题：同心协力，开创美好未来

受众群体：公司同事

演讲时长：3分钟

演讲场合：优秀员工表彰大会

演讲风格：慷慨激昂

答 尊敬的领导，亲爱的同事们：

大家好！今天，我作为优秀员工的代表站在这里，深感荣幸。我们的相聚，为的是祝贺那些在各自岗位上默默付出、取得显著成就的同事们。更重要的是，为了共同探讨如何凝聚我们的力量，激发我们的潜力，以实现个人梦想和公司愿景的同步飞跃。

在过去的一年里，我们公司取得了令人瞩目的成绩。这些成绩的背后，是每一位员工无私地付出与坚持不懈。无论是在市场开拓的前沿，还是在产品创新的现场；无论是在细致入微的服务中，还是在日复一日的运营管理上，每一个环节都体现了大家同心协力的精神。正是这种精神，使我们能在竞争激烈的市场环境中稳步前进，不断取得卓越的业绩。

回顾过去，我们充满自豪；展望未来，我们更加充满信心。环境在变，市场在变，唯一不变的是我们团结一致，共创佳绩的决心。面对新的挑战，我们必须继续发扬"同心协力"的精神……

让我们从今天的表彰大会中汲取力量……

未来的路还很长，我们每个人都是这段旅程上的重要一员……

让我们斗志昂扬，共同迎接公司的美好明天。各位，未来可期，加油！

第四步，反馈迭代，让 AI 优化演讲稿。

问 语言不够振奋人心，请优化。

答 （略）

注意事项

1. 提问时需要向 AI 提供详细的背景信息，如时间、地点、人物、事件等，以便更好地和 AI 对话。
2. AI 根据指令生成的内容可能和实际情况有出入，请注意甄别和修改。
3. 即便收到同样的指令，AI 每次回复的内容也不完全相同，因此可以借助 AI 生成多篇演讲稿，选取其中的优质内容，加入自己的内容，整合成一篇令人满意的演讲稿。

拓展练习

1. 让 AI 写一篇 5 分钟的演讲稿，主要内容是向合作伙伴介绍秋叶公司的 AI 智能鼠标。
2. 让 AI 写一段演讲开场白，主题是"领导力：如何成为一个成功的领导者？"，要求：用一个引人入胜的故事激发观众的兴趣，文风幽默俏皮。

2.3_ 工作计划

明确了公司的工作目标和现状,自己制订工作计划时却总觉得思路受限?不妨考虑让 AI 帮你出谋划策。推荐运用 SCQA 模型来梳理思路,将更清晰的指令给到 AI。

参考结构:SCQA 模型

简要解释	提问启发
situation(情景):事情发生的背景信息	任务背景是什么
complication(冲突):理想与现实的差距	有什么已有的素材或信息
question(疑问):当前要解决的问题或要完成的任务	现在要完成什么任务
answer(回答):提供的解决方案	有哪些参考案例

如何用 SCQA 模型对 AI 进行提问呢?来看看下面的案例。

假设你是某公司的销售总监,现在已经明确第二季度的销售目标为 500 万元,应该如何制订销售方案呢?

问 我们目前要制订第二季度的工作计划,需要你根据以下信息,帮助我们拆解任务,制订详细的行动计划。

目前公司主要销售的产品是价值 999 元/人的课程,有 1 万名老客户。

我们的任务:第二季度销售业绩达到 500 万元。

请你根据我们公司的现状制订几套可选择的方案,帮助我们完成任务。

每套方案中需要提供一些参考案例。

答 根据您提供的信息,我将为您制订几套可选择的方案,并提供相应的执行参考案例,以帮助您完成第二季度的销售目标。

方案一:提高产品销售量

目标:增加产品销售量,以提高销售业绩。

行动计划如下。

a. 销售团队培训:为销售团队提供专业的销售技巧培训,以增强其销售能力和与客户沟通的能力。

b. 促销活动：设计吸引力强的促销活动，如打折促销、提供赠品、复购享优惠等，以吸引新客户和激发老客户的复购意愿。

c. 关怀老客户：建立客户关系管理系统，定期与客户进行互动，提供个性化的服务和专属优惠，以增加客户忠诚度和提升客户复购率。

d. 开发新客户：通过市场推广、线上线下宣传等方式吸引新客户，扩大潜在客户群体。

e. 数据分析：利用销售数据进行分析，了解销售情况、客户偏好等，以调整销售策略和优化销售效果。

参考案例：某公司通过与行业协会合作，举办线下研讨会，吸引潜在客户参与。在研讨会上，该公司提供精准定位的演讲和进行案例分享，以吸引客户并使之建立信任感。同时，在研讨会期间提供限时优惠，以促使客户进行购买。

（更多内容，略）

可以看到，我们将清晰的任务信息或者需求告知 AI，往往可以得到更加匹配的答案。

2.4_ 工作总结

工作总结对团队和个人都有重要的意义和价值，它能提高团队的沟通效率，让领导更好地评估工作进展情况，也能展示个人工作成果，并为下一步工作提供参考和方向。

如果想要提升写工作总结的效率，不妨让 AI 快速梳理工作、组织语言。

第一步，确定框架。 告知 AI 工作总结的背景信息，如汇报人、汇报对象、汇报主题等，然后让 AI 生成框架。

> **问** 我需要向领导和同事汇报 8 月份个人工作的完成情况，请给我一个工作总结的框架。

答 以下是一个针对个人设计工作的工作总结框架,供您参考。

一、概述

总结的目的,总结包括几部分内容。

二、工作进展情况

完成的项目/任务、进行中的项目/任务、未完成的项目/任务。

三、问题和项目风险

已解决的问题、未解决的问题、需要注意的风险。

四、下一步工作计划

完成的项目/任务的进一步计划、进行中的项目/任务的进一步计划、未完成的项目/任务的进一步计划。

五、个人工作表现评估

工作态度和效率、技能和经验积累、个人成长和发展。

六、感谢和致辞

对领导和同事的感谢,致辞和结束语。

这是一个简单的工作总结框架,您可以根据具体情况对其进行适当调整和补充。希望对您有所帮助!

第二步,填充信息,生成总结。

问 根据你提供的框架,我完善了相关信息,请为我生成一篇工作总结。要求:语言规范简洁,突出我的优点和成绩。

1. 编写了 10 篇原创文章,累计阅读量 20 万人次。
2. 编写了 5 个短视频脚本,其中 2 个视频的观看量超过 5 万人次。
3. 参与策划了 3 场线上活动,累计参与人数达 20 万。
4. 负责微信公众号/微博/抖音/小红书等平台的日常更新与维护,全网粉丝数量由 60 万人增加到 70 万人。
5. 不足:内容同质化严重,文章阅读数量波动较大。
6. 解决办法:通过数据分析,精准定位目标受众。

答 工作总结

一、概述

本总结旨在回顾并总结我在过去一段时间内的主要工作内容及取得的成果……

二、工作进展情况

1. 完成的项目/任务

- 编写并发布了10篇原创文章，累计阅读量达到20万人次，有效提升了品牌曝光度和用户黏性。
- 创作了5个短视频脚本，其中2个视频的观看量超过5万人次，成功吸引了大量新用户关注。
- 参与策划并实施了3场线上活动，累计参与人数达20万，有效促进了用户参与互动和转化率的提升。

（更多内容，略）

你还可以这样问

当AI提供的框架不符合你的要求时，可以这样反馈给AI：

问 在你提供的框架的基础上，删除第一点和第六点，将第三点"问题和项目风险估"改为"遇到的问题和改进措施"，请重新生成工作总结的框架。

拓展练习

1. 让AI以一位部门管理者的角度，写一篇年度工作总结，突出团队协作和凝聚力，字数约为1000。

2. 以下是小王一季度的主要工作内容，让AI帮小王写一季度的工作总结。

   完成了××项目的设计工作，包括收集用户需求、进行竞品分析、制定产品设计方案、绘制原型图。遇到的问题：用户群体大，需求不容易统一；客户甲需求变更频繁。收获：客户的需求经常发生变化，需要及时沟通。下一步工作中，我将深入了解用户需求，加强团队合作。

2.5_ 创意策划

无论从事什么行业,金点子都是非常重要的,它们可以帮助创作者提升效率、解决问题、提高业绩,并在激烈的市场竞争中脱颖而出。

问题是,当创作者需要一个好的创意时,可能会没有灵感。有时还需要深入了解某个领域,进行一些调查和研究才能有好的创意。

现在可以借助 AI 快速获得灵感和创意,并且它还能帮助创作者从不同角度思考问题,产生更多的创意。

可以按照如下步骤引导 AI 生成创意。

第一步,确认思路。

> **问** 如何生成有创意的点子?

> **答** 生成创意点子的方法有很多种,以下是一些常用的方法。
>
> **1.** 利用头脑风暴:可以组织一个团队,通过集思广益的方式,从各种角度和思路出发,激发出各种有创意的点子。
>
> **2.** 逆向思维:尝试从与常规想法相反的方向出发,思考问题,寻找不同于常规的切入点,可能会发现一些新奇的点子。
>
> **3.** 参考其他行业的做法:寻找其他行业或领域的成功案例,寻找灵感,从中汲取创意。
>
> **4.** 多角度思考:尝试从不同的视角或角度出发,重新审视问题,找到不同的思路和解决方案。
>
> **5.** 调研分析:进行市场调研和数据分析,了解消费者需求和市场趋势,从中找到有创意的点子。
>
> (更多内容,略)

第二步,提出需求。

> **问** 请根据以上方法,帮我策划一些适合在公司年会上表演的节目,要求:有

创意、有趣。

答 好的,以下是一些适合在公司年会上表演的节目。

1. "变脸秀":可以请专业的川剧变脸表演者到现场表演变脸。
2. "音乐人类":将现场的观众分为不同的小组,每个小组使用一种乐器,如钢琴、小提琴等,让观众一起合奏一首歌曲。
3. "美食大赛":可以请几位擅长烹饪的员工,来一场现场的烹饪比赛。评委可以是公司领导,评选出哪位员工的美食最具创意、最好吃。
4. "脑筋急转弯":准备一些脑筋急转弯的题目,邀请员工进行答题比赛,考验他们的智商和反应速度。
5. "动作大师":请一位舞蹈老师或健身教练,在现场教授一段简单的舞蹈或健身操,让员工们跟着学习,增强团队活力。
6. "才艺大比拼":邀请员工展示自己的才艺,如唱歌、跳舞、演奏乐器等,进行现场评选,选出最有才华的员工。
7. "艺术展览":为员工们提供一个平台,让他们展示自己的绘画作品、摄影作品或手工艺作品,现场进行展览和评选。

以上是一些可能的公司年会表演节目,可以根据实际情况进行调整和修改。希望能够帮到您。

第三步,筛选创意。

问 请帮我从以上节目中筛选出3个互动性强的节目。

答 好的,以下是3个互动性强的节目。

1. "音乐人类":将现场的观众分为不同的组,每个组代表一种音乐乐器的音色,让观众一起合奏一首歌曲,从而形成一首完整的音乐作品。这个节目可以增强员工之间的团队协作和沟通能力,也可以拉近员工之间的距离。
2. "美食大赛":可以请几位擅长烹饪的员工,参加一个现场的烹饪比赛。观众可以通过投票的方式,决定哪位员工的美食最具创意、最好吃。这个节目增加了观众的参与感和互动性。

3. "才艺大比拼"：邀请员工展示自己的才艺，如唱歌、舞蹈、乐器演奏等，进行现场评选。观众可以通过投票来决定最终的获胜者，增加了观众的互动性和参与感。

第四步，拓展创意。

问 "音乐人类"这个节目看起来不错，请根据它再拓展一些创意节目。

答 （略）

> **注意事项**
>
> 1. 可以与 AI 进行互动，向它提出一些问题或描述一些情境，并根据 AI 的回答进一步提出问题，以此探索更多的创意和思路。
> 2. 在使用 AI 生成创意时，需要根据实际情况进行判断和筛选，以确保生成的创意符合实际需求，并具有可行性。

> **拓展练习**
>
> 1. 根据关键词——环保、健康饮食，让 AI 生成一些相关的创意灵感。
> 2. 如何提高公司的销售额？让 AI 提供一些有创意的方法和思路。

2.6_ 会议邀请函

会议邀请函常用于邀请个人或组织参加研讨会、培训或商务活动等。好的会议邀请函可以清晰、准确地传达会议的基本信息,激发受邀者的兴趣和积极性,同时可以展现主办方的专业素养。

在写会议邀请函时需要考虑多方面的因素,例如,如何确保内容的准确性,如何使语言简练得体等,这时不如借助 AI 撰写会议邀请函。

第一步,询问 AI 所需信息。

问 在你帮我写一份会议邀请函之前,我需要向你提供哪些信息?

答 以下是您需要提供给我的基本信息:会议名称、会议时间和地点、受邀人员、会议议程、特别提示、联系方式。

第二步,提供信息。

问 好的,以下是我提供的基本信息,请帮我写一份会议邀请函。
（会议名称、会议时间和地点等略）

答 好的,以下是一份基于您提供的信息的样例邀请函。
尊敬的先生/女士:
我谨代表[公司名称],诚挚地邀请您参加我们举办的人工智能技术交流会。此次交流会将聚集人工智能行业的从业者,探讨最新的技术发展和创新趋势,分享经验和见解。
时间:××××年××月××日,下午2点
地点:[会议室名称和地址]
我们将邀请多位业内专家分享他们的经验和见解……
此致
敬礼

[您的名字]

[公司名称]

[联系电话]

第三步，询问修改建议。

问 我希望邀请函简洁大方、有诚意，你有哪些建议？

答 写一份简洁大方的会议邀请函需要注意以下关键点。

1. 标题和正文简明扼要：在标题和正文中用简短明了的语言表达……

2. 用诚恳的语言表达邀请的诚意：在正文中用真诚……

3. 突出会议的重要性和价值：在正文中强调会议的重要性和价值……

4. 突出参会者的重要性：在正文中突出受邀者的重要性和价值……

第四步，反馈迭代。

问 请按以下要求进行修改。

1. 语气需要更真诚、友善，让受邀者感受到我的热情。

2. 请强调会议的重要性和参加会议的好处，让受邀者更有动力参加。

3. 请突出受邀者的重要性，让受邀者感到被重视和尊重。

答 （略）

拓展练习

1. 问 AI 如何写一份措辞简洁、明确、庄重的会议邀请函。

2. 请 AI 为你提供一些常用的会议邀请函范文。

2.7_ 通知

通知是企业、组织或团体向员工或成员发布信息的一种方式。

在发布通知时需要特别注意内容的准确性、明确性和全面性。可以让 AI 协助写通知以提高准确性、提升效率,节省公司运营成本。

第一步,确定框架。

问 请告诉我《春节放假通知》需要包含哪些内容。

答 一份完整的《春节放假通知》应该包含以下内容。

1. 公司名称和 Logo
2. 通知标题:如关于 2025 年春节放假的通知
3. 发布时间:通知发布的日期
4. 放假时间:春节放假的开始日期和结束日期
5. 工作安排:如何安排假期前后的工作
6. 联系方式:公司负责人或相关部门的联系方式,以便员工有任何疑问或需要咨询时可以及时联系
7. 祝福语:可以适当表达公司对员工的关心和祝福

同时,通知应该以清晰、简明的语言表述,避免使用过于复杂或含糊不清的措辞。通知的格式可以根据公司的要求进行调整,但是要注意保持整体的风格统一,符合公司的形象和文化。

如果 AI 提供的框架有待完善,可以继续命令它修改。

问 有些复杂,请简化。需要包含放假时间、放假期间的工作安排,开头结尾需要祝福语。

答 (略)

第二步，生成通知。

问 请根据以上框架，生成一份"2025年春节放假通知"。

答 标题：2025年春节放假通知

各位员工：

随着新春的脚步越来越近，为了让大家能够有更多时间与家人相聚，享受春节的欢乐与温馨，公司决定安排2025年春节放假事宜。具体安排如下。

一、放假时间：2025年××月××日（农历除夕）至2025年××月××日（农历正月初×）放假调休，共计×天。

二、上班调整：2025年××月××日（星期×）、2025年××月××日（星期×）正常上班，××月××日（星期×）休息。

三、工作安排：请提前规划工作，确保放假前工作妥善完成，并做好交接。

四、值班安排：假期将安排值班人员处理紧急情况，具体将另行通知。

五、注意事项：假期注意健康安全，保持良好状态。

公司管理层祝愿大家新春快乐，身体健康，家庭幸福，事业有成！

谢谢大家的付出，让我们共同迎接美好的2025年！

××××公司

2025年××月××日

拓展练习

1. 让AI生成一份简短的会议通知，50字左右，适用于微信群发。

2. 让AI将练习1中生成的通知作为初稿，生成一份清晰、准确、适用于通过邮件群发的通知。

2.8_ 会议发言

在会议中难免遇到需要发言的情况,无论是汇报工作还是表达观点,好的发言简洁明了、逻辑清晰。不过,很多人可能缺少会议发言的经验,或是不清楚如何吸引听众的注意力、没有时间提前准备和完善会议发言稿。

可以尝试用 AI 生成会议发言稿以完成一次高质量的发言。

第一步,交代背景,生成框架。 告知 AI 此次发言的背景信息,如主题、发言人、听众、场合、时间等,让 AI 生成框架。

> **问** 我是销售部门的主管,需要在新员工培训会上进行 3~5 分钟的发言。请告诉我"新员工入职培训发言稿"主要包含哪些内容。

> **答** 您好!作为销售部门的主管,在新员工入职培训会上发言,以下是一些可以包含在您的发言稿中的内容:
>
> 欢迎词、公司介绍、部门介绍、岗位职责、团队文化、培训计划、福利待遇、成长机会、期望和建议。
>
> 以上是一些可以包含在您的发言稿中的内容,希望对您有所帮助。祝您的发言圆满成功!

第二步,优化框架,生成发言稿。

> **问** 我希望我的发言稿包含以下内容。
>
> 公司介绍:……
>
> 部门介绍:……
>
> 团队文化:……
>
> 期望和建议:……
>
> 发言稿的重点:如何让自己更快地适应公司的文化和工作环境。
>
> 请优化框架,然后帮我写一份"新员工入职培训发言稿"。要求:800 字以内,重点突出,语言简洁,逻辑清晰,有感染力,生动形象,互动感强。

答（扫描二维码，发送关键词"28016"，查看 AI 生成的完整信息）

2.9 会议纪要

职场人经常需要开各种会议，一份好的会议纪要可以清晰、准确地记录会议的内容，还可以让未参加会议的人了解会议内容，防止工作遗漏和重复，提高工作效率。

在撰写会议纪要时需要遵循很多标准，例如统一的格式和风格、包含必要的信息、简单明了的语言等，这时可以利用 AI 辅助生成会议纪要。

第一步，获取模板。

问 请给我一份标准的会议纪要模板。

答 以下是一份标准的会议纪要模板，您可以根据需要进行自定义。

会议主题：[会议主题]
会议日期：[会议日期]
与会者：[与会者姓名]

主要议题	讨论内容
[议题一]	[结论一]
[议题二]	[结论二]
[议题三]	[结论三]

行动项：

行动项	负责人	截止日期
[行动项一]	[行动项一负责人]	[行动项一截止日期]
[行动项二]	[行动项二负责人]	[行动项二截止日期]
[行动项三]	[行动项三负责人]	[行动项三截止日期]

会议结束时间：[会议结束时间]

下一次会议：[下一次会议时间和议题]

备注：[会议备注]

希望这份模板可以帮助您写出一份清晰、简洁的会议纪要。

第二步，修改模板。

问 请按以下要求进行修改：

把"讨论内容"改为"结论"；用表格的形式呈现会议纪要。

答 （扫描二维码，发送关键词"29016"，查看AI生成的完整信息）

第三步，生成内容。 按照模板框架补充相关信息，命令AI生成会议纪要。

问 以下是会议相关信息，请帮我生成一份会议纪要，同样需要用表格的形式呈现。

（会议内容，略）

答 （略）

> **你还可以这样问**
>
> 当你已经有了一份会议纪要的草稿，可以让AI提出修改建议。
>
> **问** 以下是我的会议纪要草稿，请仔细阅读。请站在专业职场人的视角，对我写的会议纪要提出修改建议。
>
> （会议纪要草稿，略）

2.10_ 商业计划书

几乎所有的商业活动都需要撰写商业计划书，用于向投资者展示公司的发展计划和潜力，以获得资金支持。

撰写商业计划书需要拥有多方面的经验和知识，如市场调研、竞争分析、财务规划等。这时利用 AI 编写商业计划书可以大大提高工作效率，AI 能够快速生成模板和建议，并提供准确有用的信息。

第一步，确定结构。

问 请给我一些《儿童玩具零售商业计划书》的示例结构。

答 好的，以下是一个《儿童玩具零售商业计划书》的示例结构。

1. **概述**：介绍您的儿童玩具零售业务的概况，包括业务模式、市场定位和目标客户。
2. **市场分析**：分析您的目标市场，包括竞争对手、市场趋势、消费者需求等。
3. **产品和服务**：详细介绍您的产品和服务，包括产品种类、品牌、价格、质量等方面。
4. **营销策略**：详细描述您的营销策略，包括促销活动、广告宣传、促销渠道等方面。
5. **经营计划**：包括资金预算、人员配备、进货渠道等方面，展示您的经营计划和经营目标。
6. **风险分析**：分析可能的风险和挑战，制订应对策略，确保业务顺利进行。
7. **财务预测**：详细预测您的财务状况，包括成本、收入、利润、现金流等方面。

以上是一个基本的商业计划书结构示例，您可以根据实际情况进行调整和修改，以更好地反映您的业务需求和目标。

第二步，不断追问。

问 请阅读以下关于儿童玩具的市场调研和分析报告，帮我分析目标市场。

（市场调研和分析报告，略）

答 （扫描二维码，发送关键词"21001"，查看 AI 生成的完整信息）

　　AI 提供了不少关于目标市场的分析作为参考，有了这些参考，我们的写作效率可以大幅提升。

　　继续追问，直到完成这份商业计划书的全部内容。

问
- 我应该如何制订营销策略和经营计划？
- 如何确定公司的组织结构和管理团队？
- 如何编写商业计划中的财务预测部分，包括收入预测、支出预测和利润预测？
- 如何评估商业计划的可行性和风险？
- 如何吸引投资者或其他融资来支持我的商业计划？

答 （略）

　　第三步，生成商业计划书。

问 很好，请根据以上回答，帮我生成一份《儿童玩具零售商业计划书》。

答 （略）

　　第四步，补充注意事项。 让 AI 补充一些写商业计划书的注意点和禁忌，以方便接下来的审核与修改。

问 写商业计划书还有哪些注意点和禁忌？

答 （扫描二维码，发送关键词"21002"，查看 AI 生成的完整信息）

> **注意事项**
>
> 1. AI 输出的内容是基于大量数据的统计结果，AI 在处理复杂的商业问题时可能会生成不准确的回复。需要谨慎处理 AI 生成的结果，最好结合人工审查和修改。
> 2. 商业计划书通常需要包含大量的具体信息和细节。在有些情况下，AI 可能无法理解某些行业特定的术语或概念，提问时需要对概念进行解释和描述。
> 3. 在使用 AI 编写商业计划书时，需要注意数据保密和安全。

2.11_ 商业信函

商业信函常用于与客户、供应商、合作伙伴或其他业务联系人之间的沟通，有助于达成合作、完成商业交易。

写商业信函时，结构、内容、语气、风格都需要遵循一定的规范，否则可能会影响公司的信誉和形象，浪费时间、金钱和人力资源，错过商机甚至破坏和客户之间的关系。

这时只需向 AI 提供相关信息，它就能自动生成一份准确、专业的商业信函。

商业信函有多种类型，例如询问型、回复型、邀请型、感谢型等。在向 AI 提问之前，需要确定商业信函的类型。

商业信函的受众通常有客户、供应商、合作伙伴等，告知 AI 受众的同时，可以提供更多有关受众的信息。

第一步，确定类型、受众和目的。

> 问 我需要一份邀请型商业信函。这份商业信函的受众是潜在客户，我希望商业信函的开头就能激发受众的兴趣和好奇心，让他们对公司和产品产生信任感和兴趣。
> 这份商业信函的目的是邀请收件人体验一款全新的产品，并提供反馈和建议，以便改进和优化产品。
> 写作要求：清晰地传达公司和产品的信息，强调产品的优势和特点，300 字左右。
> 如果你理解了，回复"理解"即可。

第二步，补充信息，生成内容。 向 AI 提供更多生成商业信函所需的必要信息，如公司名称、联系方式、产品介绍等。如果已经有一份商业信函草稿，可以发送给 AI 作为补充资料。

> 问 以下【】中是我写的一份商业信函草稿，请为我生成一份商业信函。
> 【我是秋叶公司的某某，今天邀请您体验我们公司新推出的产品"AI 智能鼠标"，它可以帮助您提高写作效率，按您要求量身定制文案，还可以在您一筹莫展时启发您的灵感。期待您的反馈，我的电话 123456789××，邮箱×××××。】

> 答 好的，以下是根据您的需求和【】中提供的草稿信息所生成的商业信函。
> 主题：诚邀您体验秋叶公司新推出的"AI 智能鼠标"
> 尊敬的 [客户姓名]：
> 您好！
> 我是秋叶公司的 [您的姓名]，非常荣幸有机会向您介绍我们最新开发的"AI 智能鼠标"。这不是一款普通的鼠标，而是一款结合了人工智能技术的革新产品，它能够根据您的写作习惯为您量身定制文案，并在您遇到思维瓶颈时提供

灵感启发。

我们相信，无论您是内容创作者、市场营销专家还是商务人士，"AI智能鼠标"都将成为您提升写作效率、优化工作流程的得力助手。它集成了多种智能功能，如语音识别、智能预测及多语言支持等，旨在通过技术创新，帮助您应对日常工作中的挑战。

我们期待您能体验"AI智能鼠标"带来的差异化，并恳请您使用后反馈和建议。您的宝贵意见将帮助我们不断改进，更好地满足用户需求。

请通过以下方式联系我们，以便我们为您安排您的专属演示。

· 电话：1234567890××

· 邮箱：×××××

顺祝商祺！

[您的姓名]

[您的职位]

秋叶公司

[日期]

[公司地址]

> **注意事项**
>
> 1. 商业信函通常有一些标准的格式和规范。AI虽然能够辅助生成文字内容，但是无法完成更为精细的排版工作，还需人工优化排版。
> 2. 商业信函需要关注受众的情感和需求，而AI可能无法完全考虑这些因素，AI生成的商业信函可能会不够人性化，需要进一步修改。

> **拓展练习**
>
> 1. 询问AI怎样写出一个吸引人、清晰明了的商业信函开头。
> 2. 询问AI写商业信函需要注意哪些礼节方面的问题。
> 3. 询问AI如果需要跟进受众的反馈，应该采取怎样的行动。

2.12_职业生涯规划

通过使用**引导提问**，职场人士可以更好地规划自己的职业生涯。比如在教育培训行业，职业生涯规划师可以使用 AI 提升工作效率。举例如下。

假设你是一名即将毕业的大学生，对于自己未来的职业规划充满困惑，也不知道该如何向 AI 表达自己的困惑，那你可以这样试试。

扫描二维码，发送关键词"引导提问"查看什么是引导提问吧！

问 从现在开始，你是一位苏格拉底式的导师，我是你的学生。你不会直接给出答案或者结果，而是会引导学生思考并一步步得出结论。你会不断调整并拆分问题，以适应学生的理解能力。

答 好的，让我们开始吧！请问你有什么想要讨论或者探究的问题呢？

问 我想知道自己适合做什么工作。

答 好的，那我们可以一步步来，从探讨你的兴趣和价值观开始。你觉得自己对哪些事情感兴趣？什么是你特别喜欢做的？

问 我喜欢研究电脑软件的新用法。

答 非常好！你对研究电脑软件的兴趣很强烈，这可以让我们往更具体的方向探讨。接下来，我们可以探讨一下你的技能和经验。你做过哪些与电脑软件相关的工作或者项目？你觉得自己在这方面有哪些专业技能和经验？

问 嗯，我曾经用 Photoshop 给别人设计海报，还挣了 300 元。

答 很好！那么你有使用 Photoshop 这一设计软件的技能和经验，这是一项很不错的专业技能。此外，你也有一些与客户沟通和项目交付相关的经验，这也是非常重要的。

那么接下来，我们可以探讨一下你的个性特点和价值观。你觉得自己是一个什么样的人？你在工作或者生活中注重哪些价值观？

（更多内容，略）

通过让 AI 引导你思考，而不是让它直接给你参考答案，你可以更进一步地了解自己，做出更适合自己的职业或者人生规划。

与以上这种引导提问方式效果类似的方式叫作**苏格拉底式提问**，又称苏格拉底式教学法，是古希腊哲学家苏格拉底的极具代表性的提问方式。这种提问方式通过一系列有针对性的问题引导对话者进行深入思考，以发现知识、挖掘观点和促进理解。苏格拉底式提问强调质疑、怀疑和反思，追求真实和理性的知识。

苏格拉底式提问的主要特点如下。

· 引导性：通过提问引导对话者思考问题，而非直接告诉他们答案。

· 层层递进：问题由浅入深，逐步引导对话者深入探讨话题。

· 提倡反思：鼓励对话者对自己的观点、信仰和假设进行反思和审视。

· 逻辑性强：关注论证的逻辑性、一致性和合理性，追求真实的和有根据的知识。

苏格拉底式提问常见的 6 种类型如下。

· 澄清问题：为了探讨一个问题，明确概念，你可以问 AI "可不可以举个例子，说明你表达的意思"。

· 检验假设：为了进一步了解对话内容的真实性，你可以问 AI "你如何证明这个假设"。

· 理性分析：为了探究背后的原理或者真相，你可以问 AI "能解释一下原因吗"或者"你是如何得出这一结论的"。

· 检验观点：为了让 AI 对其回答进行分析，你可以问 AI"你提出的这个方案有哪些优缺点"。

· 开阔思路：为了引导 AI 从不同视角看问题，你可以问 AI"对于这个问题你觉得其他人可能会怎么看"。

· 思考后果：如果想知道 AI 的回答会带来什么后果，你可以问 AI"你觉得你这个假设会有什么结果呢"。

更多苏格拉底式提问的应用场景和参考指令如下。不同使用场景，只需要替换角色名称即可。

2.13_ 面试题库

使用面试题库，招聘者可以快速评估应聘者的能力、经验和素质，能在确保面试公正性的前提下提高面试效率，展现公司的专业性和实力。

在编写面试题时，招聘者除了要根据招聘职位有针对性地设计面试题目，还要综合评估应聘者的价值观、工作态度和沟通能力等多个方面，并评估其创新思维、发散性思维。

可以参考以下思路向 AI 提问，从而生成一份专业的面试题库。

第一步，确定类型。

问 面试题有哪些类型？

答 以下是几种常见的面试题类型。

1. **技术问题**：主要针对应聘者的技能和知识，考查其在技术领域的能力和熟练程度。例如，针对软件开发岗位的面试题可能包括算法题、编程题、数据库设计等。

2. **行为问题**：主要考查应聘者的个人素质、工作态度和解决问题的能力。例如，针对管理岗位的面试题可能包括领导力问题、决策问题、人际关系问题等。

3. 案例问题：主要考查应聘者的实际工作经验和解决问题的能力。例如，针对市场营销岗位的面试题可能包括市场分析问题、竞争分析问题等。

4. 谈话问题：主要考查应聘者的口头表达能力和交际能力。例如，针对销售岗位的面试题可能包括自我介绍、销售技巧、沟通技巧等。

5. 情景问题：主要考查应聘者在面对复杂情况时的反应和解决问题的能力。例如，针对客服岗位的面试题可能包括客户投诉处理、疑难问题解决等。

需要注意的是，不同行业和岗位需要的面试题类型也不同，面试题的类型应该根据岗位要求和目标来确定。同时，面试题的设计应该结合具体的场景，包含细节，确保能够有效地评估应聘者的能力、经验和素质。

第二步，生成题目。

问 你现在是产品经理这一岗位的面试官，你十分了解产品经理的岗位要求和目标。请分享在面试产品经理候选人时会问的 10 个案例类问题。

答 好的，以下是 10 个我会在面试产品经理候选人中问到的案例类问题。

1. 请描述一个您曾经负责的项目，您是如何制订产品策略，并在市场上取得成功的？
2. 请分享一款您曾经设计的产品，您是如何确定用户需求，并将其转化为实际的产品功能的？
   ⋯⋯⋯⋯
10. 请分享一个您曾经为提高产品用户留存率而采取的策略，您是如何分析用户数据，并进行相应的优化的？

其他类型的面试题也可以按照同样的方式进行提问。

问
- 请分享在面试产品经理候选人时会问的 10 个技术类问题。
- 请分享在面试产品经理候选人时会问的 10 个行为类问题。

第三步，拓展题目。

问
- 请再提供 10 个面试题。
- 请针对这个面试题：……提供一些可以用来追问的问题。

第四步，整合梳理。 筛选出所需要的面试题，整理成为面试题库后，还可以向 AI 咨询一些编写面试题的建议和注意事项，进一步提高面试题库的质量。

问
- 请给我一些编写面试题的建议和指导。
- 编写面试题有哪些注意事项？

> **注意事项**
>
> 1. AI 不能像人类一样进行主观判断，因此它可能会提供一些不够准确的答案，而这些答案可能会影响到面试官对面试者的评估，需要注意甄别。
> 2. 编写面试题还需要结合自身的经验和洞察力，以及特定公司和行业的需求，因此不要过度依赖 AI。
> 3. 面试题可能会包含一些与面试者相关的信息，在向 AI 提问时需要注意保护面试者的隐私。

> **拓展练习**
>
> 1. 你现在是 ×× 公司新媒体运营岗位的面试官，让 AI 为你提供在面试新媒体运营岗位候选人时常问的 10 个问题。
> 2. 让 AI 提供一些有创意的并且能筛选人才的面试题。

2.14 写营销活动策划案

小李在一家广告公司做策划。最近公司和一个牙刷品牌合作,需要小李为对方撰写针对五一劳动节的营销活动策划案,来增加新品的销量。小李没有思路,想要求助 AI。我们来看看发送给 AI 不清晰的指令和清晰的指令,会得到怎样不同的效果。(仅展示 AI 回答的部分内容。)

问 最近我们要和某牙刷品牌合作,马上就是五一劳动节了,对方需要我们出一个营销活动策划案。
这个营销活动会在线上 × 平台进行,主要在对方的自营店铺宣传。
需要你帮我写一个营销活动策划案。这个营销活动策划案要包含"五一"假期 3 天的活动主题以及宣传方案细节。
活动主要针对 25~35 岁的职场白领,主要卖点为出差携带方便、刷头替换方便以及充电一次可以用一个月。
策划案需要在 4 月 15 日下午 6 点前提交。

答 活动策划案:五一劳动节期间某牙刷品牌营销活动

一、活动背景

(具体内容,略)

二、活动时间

4 月 29 日—5 月 1 日

三、活动内容

第一天:4 月 29 日

主题:出差"神器",轻松拎走

(具体内容,略)

第二天:4 月 30 日

主题:轻松更换,换刷无忧

(具体内容,略)

第三天:5 月 1 日

主题：充电一次，续航一个月

（具体内容，略）

四、宣传方案

（具体内容，略）

五、活动效果评估

（具体内容，略）

2.15_ 生成 PPT 大纲

在撰写 PPT 大纲时，我们经常会遇到一些棘手的问题。例如，缺乏清晰的结构和思路，这可能导致我们的演讲内容混乱不堪，难以引起观众的兴趣和共鸣。另外，内容不完整或重点缺失也是常见的问题，这可能会让我们的演讲失去说服力和影响力。面对这些难题，我们可以借助 AI 辅助生成一份结构清晰、内容完整的 PPT 大纲。

问 你是一位 PPT 制作专家，请帮我生成一份结构清晰、内容完整的 PPT 大纲，以下是我的相关信息。主题：介绍 "AI 智能鼠标"。目的：向社群用户介绍 "AI 智能鼠标" 的功能，促进 "AI 智能鼠标" 的销售。关键信息：秋叶公司推出的 "AI 智能鼠标"，可以帮助用户提高写作效率，按用户要求量身定制生成文案，还可以在用户一筹莫展时启发用户的灵感。其他要求：PPT 总页数在 30 页左右，重点展示实际应用场景。

答 PPT 标题：引领未来办公新风尚——探索秋叶公司 "AI 智能鼠标" 的无限可能

第 1 部分：封面页（1 页）

标题：引领未来办公新风尚——秋叶 "AI 智能鼠标" 深度解析

副标题：重塑工作方式，激发创意灵感

图片：秋叶公司 Logo + AI 智能鼠标高清图

日期/地点（如实填写）

制作人 / 演讲者姓名

第2部分：目录页（1页）

1. 引言：智能时代的办公新宠
2. 核心功能大揭秘
3. 用户体验分享
4. 与传统鼠标的对比
5. 实际应用场景展示
6. 客户评价与反馈
7. 购买指南与优惠信息
8. 结语与感谢

第3部分：引言（2页）

AI技术在日常办公中的应用

引出"AI智能鼠标"作为解决方案

第4部分：核心功能大揭秘（8页）

提高写作效率

实时语法检查与修正

自动完成句子 / 段落

快速调整格式

量身定制文案

行业模板库：根据不同行业定制文案

用户偏好学习：根据使用习惯优化推荐

编辑建议

灵感启发引擎

主题联想功能

创意素材库（图片、图表、引用）

情绪分析工具

第5部分：用户体验分享（4页）

真实用户案例分享

视频 / 图文展示使用前后对比

第6部分：与传统鼠标的对比（2页）

功能对比表

用户体验与效率提升对比

第7部分：实际应用场景展示（10页）

公文写作

新媒体文案写作

商务文案撰写

提供专业建议

学术论文编辑

创意设计

第8部分：客户评价与反馈（1页）

精选客户评价

社交媒体好评截图

第9部分：购买指南与优惠信息（1页）

购买渠道介绍

产品规格与价格表

当前优惠活动及限时折扣

第10部分：结语与感谢（1页）

总结演讲要点

感谢听众参与

联系方式与后续交流邀请

备注：每页PPT应包含清晰的标题、简洁的文字描述、必要的图表或图片，以及适当的留白以提升视觉舒适度。根据实际需要，可适当调整各部分内容的详略程度，确保总页数控制在30页左右。

2.16_ 搜索图片

在搜索文字、图片资料时,如果很难找到想要的内容,可以尝试更换搜索时所用的关键词。

不妨让 AI 提供更多的关键词,AI 可以帮助我们从多角度对问题进行探索分析,拓展思路,打破固有的思维模式。

例如,当利用搜索引擎搜索与"时间"相关的图片时,直接输入关键词"时间"所获得的图片有限,我们便可以让 AI 帮我们联想一些能表达"时间"的具象事物。

问 我需要用搜索引擎搜索与"时间"相关的图片,请给我 5 个与"时间"相关的关键词,以便我能搜索到更多能表达"时间"的具象事物的图片。

答
1. **钟表**:用"钟表""时钟""怀表"等词汇进行搜索,可以找到各种不同类型和风格的时钟图片。
2. **日历**:用"日历""月历""年历"等词汇进行搜索,可以找到与日期和月份相关的图片,以表示时间的流逝。
3. **沙漏**:用"沙漏""计时器"等词汇进行搜索,可以找到与沙漏相关的图片。沙漏是一个传统的时间测量工具,可用于表示时间的逝去。
4. **时间线**:用"时间线""历史线"等词汇进行搜索,可以找到与时间轴相关的图片,以展示事件发生的顺序和持续时间。
5. **秒表**:用"秒表"等词汇进行搜索,可以找到与秒表相关的图片,以表现竞赛或运动等场景。

可以看到,AI 能够生成更多关键词,利用这些关键词,我们可以快速获取丰富的素材,大大提高搜索资料的效率。

第 3 章

沟通与表达

3.1 团队沟通话术

好的沟通话术可以帮助你与同事、领导或客户建立良好的关系,还可以帮助你更快地解决问题,从而提高工作效率。如果在沟通时不知道怎么说,可以让AI辅助生成特定场景下的职场沟通话术。

问 和团队一起熬夜加班完成工作后,领导对我说"辛苦了",我该怎么回复?
回复要求:礼貌、简洁明了,表达感谢之情。

答 你可以回复以下内容:
非常感谢您的关心,这是我们团队共同努力的结果。
这个回复礼貌、简洁明了,同时表达了感谢之情,并且强调了团队的合作精神,展现了你对团队贡献的认可。同时,这个回复也可以让领导感到你不是个人英雄主义者,而是重视团队合作的人。

让 AI 生成更多回复,选择最合适的沟通话术。

问 请给我提供更多回复建议。

答 当然,你也可以根据具体情况进行回复。以下是一些回复建议。
1. 非常感谢您的夸奖,这让我非常受鼓舞。
2. 感谢您的关注和支持,我会一如既往地努力工作。
3. 非常感谢您的鼓励,这将成为我不断进步的动力。
无论采用哪种回复,都要确保礼貌、简洁明了,并表达对领导的感激之情。

职场沟通中能用到 AI 生成沟通话术的场景非常多,例如:要求 AI 生成在职场沟通中常用的短语或句子,如提出建议、表达谢意等;询问 AI 如何与不同类型的人群进行沟通,如怎样向客户进行推销、向下属传达指令等;询问 AI 如何发送邮件或短信,如怎样在邮件中表达感谢、在短信中传达紧急情况等。

> **拓展练习**
>
> 1. 让 AI 帮你写一段发给领导的信息,要求委婉、有理有据地表达"我不想加班"。
> 2. 你和同事小 A 关于 ×× 项目发生了争执,当时你的言辞有些激烈,现在你想向同事道歉,让 AI 为你提供一些沟通话术参考。
> 3. 你的下属最近工作压力很大,有情绪想离职,请 AI 帮你写一段沟通话术安抚他。要求:晓之以理,动之以情。

3.2_ 商务谈判

在与合作方谈判前,可以让 AI 扮演一位商务谈判专家,与你进行谈判。你将合作方可能提出的问题或存在的疑虑发给 AI,AI 可协助你找到针对性的解决思路,并运用更专业的商务谈判话术来回应,从而提升自己的商务谈判能力。来看看下面的案例。

问 我想让你扮演一位商务谈判专家,我和你进行商务谈判,你的目的是尽量达成合作。我会向你提出我针对合作的一些疑惑以及顾虑,你要用商务谈判技巧说服我合作。明白吗?

答 当然,我明白您的要求。作为一位商务谈判专家,我将尽力使用商务谈判技巧来消除您对合作的疑虑,并努力达成我们的合作目标。请告诉我您的疑虑,我们就可以开始商务谈判了。

问 你说你们的产品质量是市面上最好的,但是我认为产品价格确实太高了,即便批量采购,成本还是很高。你们的产品的性价比好像不太高。

答 感谢您提出疑虑。我完全理解您对产品质量和成本的考虑，愿意就这个问题进行几点说明。

第一，我要强调的是我们产品的高质量和卓越性能。尽管我们的价格相对较高，但我们的产品在市场上享有良好的声誉，并受到了广泛的认可。我们投入了大量的研发和创新费用，以确保产品质量和性能达到最佳水平。这意味着我们的产品在使用寿命、可靠性和功能方面表现出色，从而为您带来更长久的价值。

第二，虽然我们的产品价格相对较高，但我们提供了一系列增值服务和支持，旨在帮助您实现更高的效益。这些服务可能包括定制化解决方案、技术支持、培训以及售后服务等。我们的专业团队将与您合作，确保您能够充分利用我们的产品，从而最大限度地提升您的业务效率和竞争力。

第三，我们可以探讨一些合作方式，以降低您的采购成本。我们可以考虑制订一个长期合作协议，基于批量采购来实现价格的优惠。此外，我们可以协商付款方式和条件，以减轻您的财务压力。我们非常愿意与您合作，共同找到一种双方都满意的解决方案。

第四，我还想强调一下我们公司的可靠性和潜力。与我们合作，您就是与一家有着良好声誉和稳定发展动力的公司合作。我们的目标是与您建立长期的合作关系，共同成长和成功。我们将全力以赴，确保您在合作过程中得到最大的价值。希望这些说明能消除您的疑虑，我也愿意听听您的看法，并与您继续讨论如何达成合作。

3.3_ 心理疏导

现在的社会压力非常大，很多人或多或少存在一些心理问题，或者会不定期地感到烦恼，而且对于有些事情，他们不好和身边的人沟通。

这时使用角色扮演式提问，就能很好地解决这个问题。来看看下面这个案例吧。

问 请你扮演一位心理咨询师,和我聊聊天,帮我解决一些烦恼。可以吗?

答 当然可以!作为一位心理咨询师,我很愿意与您交谈并帮助您解决烦恼。请告诉我您的烦恼是什么,我会尽力提供支持和建议。

问 我最近工作压力非常大,完不成业绩目标,总是担心自己会被裁员,领导也不认可我,这导致我经常睡不好。

答 听起来您正在面临工作压力和焦虑的问题,这是很常见的情况。首先,请您放松一下,深呼吸,我们可以一步一步来处理这个问题。

首先,让我们看看您感到压力的原因。您提到了未能完成业绩目标和担心被裁员,这可能会让您感到焦虑和不安。请记住,工作中有压力是正常的,但过度的压力可能会对我们的身心健康产生负面影响。

以下是一些应对工作压力的建议。

1. 制订合理的业绩目标:确保您的业绩目标是合理和可实现的。如果您觉得业绩目标过高或不切实际,可以和领导沟通,并寻求适当的支持和指导。

2. 寻求支持:与同事或朋友交流,分享您的感受和困扰。他们可以提供支持、建议或帮助您从不同角度看问题。

3. 管理时间:制订有效的时间管理计划,优先处理重要任务,并确保给自己留出一些休息和放松的时间。合理分配时间可以帮助您更好地应对压力。

(更多内容,略)

最重要的是,您要记住自己不是孤单的。很多人都面临类似的挑战,但这是有应对方法的,您需要以积极的态度,寻求支持,并给自己一些时间来调整和恢复。希望这些建议能对您有所帮助。如果您还有其他问题或需要进一步的支持,请随时告诉我。

3.4_ 让 AI 成为你的超级智囊团

在现实世界中进行头脑风暴会有一个好处，就是当我们在会议中讨论问题时，每个人都可以从自己的视角出发，给出看法，这方便我们多角度地看问题。

那么作为个人，如何拥有自己的团队和自己一起进行头脑风暴呢？用 AI 就可以。通过给 AI 赋予不同的角色，让 AI 从不同人的角度给出观点，这样就可以模仿现实中的团队会议，你就能得到多角度的观点。看看如下示例。

问 假设我的智囊团内有 3 名专家，这 3 名专家分别是乔布斯、××和×××，他们都有自己的个性、世界观和价值观，对同一问题有不同的视角、看法和建议，我会在这里说出我的处境和我的决策，请你分别以这 3 名专家的身份和思维模式来审视我的决策，并给出评判和建议，听明白了吗？

答 是的，我明白您的请求。作为您的智囊团成员，我会用乔布斯、××和×××的思维模式来审视您的决策，并给出评判和建议。请告诉我您的处境和决策。

问 我们是一家在线教育公司。现在 AI 技术发展迅猛，催生了很多新工具，这给很多职场人士带来了很大的冲击，我们现在应该怎么做，才能有更好的发展？

答 作为您的智囊团成员之一，我将用乔布斯的思维模式思考，给出我的建议。

乔布斯的建议如下。

企业成功的关键在于创新和改善用户体验。基于您的情况，您可以考虑从以下几个方面应对 AI 技术的影响。

首先，您可以通过重新设计课程，提供更具个性化的教学内容和体验，满足学员的不同需求。这样，您的课程就能够更好地适应市场的变化和需求。

（更多内容，略）

3.5_ 理解客户需求

面对繁杂的 KPI、领导的要求、客户的需求……很多职场人感到工作一团乱麻,无从下手。

这时不妨让 AI 帮我们提炼沟通中的关键信息,从繁杂的工作中梳理出清晰的脉络,从而快速确定目标或工作方向。

问 我是一名平面设计师,客户要我做一张产品宣传海报,请从客户的需求中帮我提炼出客户想要的海报风格。客户的需求如下。
海报的目的:宣传一款最新上市的蓝牙耳机。
耳机受众:运动爱好者,20~35 岁。
耳机特点:防汗防水,佩戴稳定,适合运动时佩戴。
海报文案:无"线"自由,释放激情。
海报场景:运动场上,一个充满活力的运动者,他戴着我们的运动耳机,十分投入地进行着运动。
海报的尺寸和布局:A3 或 A2,竖版。
海报发布渠道:微博、小红书等新媒体平台。
其他要求:吸引人注意力,色彩鲜艳。

答 根据客户的需求,可以确定客户想要的海报风格如下。

1. 动感活力风格:客户希望海报能够传递活力和运动感。你应使用动态的线条、流畅的曲线和运动元素来营造充满活力的氛围,并运用渐变色彩、流动的图形效果等来表达蓝牙耳机的无"线"自由和释放激情的概念。

2. 年轻时尚风格:运用时尚的排版、流行的图标和年轻化的元素,展示产品的潮流属性,提高其与年轻受众的契合度。

综合考虑这些因素,你可以设计一张具有动感活力、年轻时尚和突出产品特点的海报,以吸引目标受众的注意力,并在新媒体平台上进行宣传。

> **注意事项**
>
> 在向 AI 提问时不要泄露公司和客户的商业机密,以及要保护好自己的个人隐私。

3.6_ 理解领导的要求

在这个信息爆炸的时代,我们被各种通知、邮件、社交媒体更新和即时消息"轰炸",这使得我们很难在短时间内从海量信息中筛选出最关键的部分。工作中,领导和同事可能会发送长段的信息,要求我们迅速做出反应和回复。在这种情况下,如何快速识别和处理关键信息变得尤为重要。

幸运的是,AI 可以帮助我们分析和理解文本内容,从而快速提取出信息的核心要点。

问 领导的这几段话表达了对我的工作的期望,请帮我从中提炼出我下一步的工作目标。

今天找你,是想简单聊聊你近期的工作表现和成果。首先我必须要说,我很欣赏你的创意和设计风格,它们非常独特,给咱们的很多项目都带来了很强的新鲜感和视觉冲击力,这一点特别棒。你的设计作品也经常得到客户的赞赏,这对咱们品牌影响力的提升有很大帮助。

不过,我也注意到了一些需要改进的地方。有时候,在和客户沟通时,你可能没有完全理解客户的需求。只有充分理解客户的需求,才有助于咱们后续的沟通和设计,对吧?我希望你在这方面继续加强。然后在设计过程中,你可能过于强调个人的审美,忽视了项目的整体要求和目标,比如前段时间给××公司做的包装设计。个人审美的确很重要,但是,与团队合作、与其他部门协调也很重要,满足客户的期待更是我们的核心目标。我相信,你是有能力克服这些挑战、解决这些问题的。

最后我想说,作为一名优秀的平面设计师,你在咱们团队中扮演着很重要的角色,不断学习和成长也是非常重要的。我希望你可以积极参加一些相关的培训，保持对设计趋势和新技术的关注。另外，你要多多和部门内的小伙伴交流，分享经验和灵感，这对你的设计水平提升也有帮助。

今天说了这么多，我对你还是很有信心的……

答 根据领导的话，可以提炼出下一步的工作目标，具体如下。

1. 提升与客户沟通的能力：努力充分理解客户的需求，确保在沟通和设计过程中更好地把握客户的要求，以便提供更精准的设计方案。
2. 平衡个人审美与项目要求：在设计过程中，注意平衡个人审美和项目的整体要求和目标；与团队合作和其他部门协调，确保设计作品能够满足客户的期望，并以此为核心目标。
3. 持续学习和成长：作为一名优秀的平面设计师，要不断学习和成长，积极参加相关的培训和学习机会，保持对设计趋势和新技术的关注，提升自己的设计能力和专业知识水平。
4. 与部门同事交流和分享：与部门的同事积极合作，共享经验和灵感；通过交流和合作，互相学习和借鉴，提升自己的设计水平和团队整体效能。
5. 坚定信心并寻求支持：展现出对自己的信心，并在需要时寻求领导和团队的支持；当面临挑战和问题时，相信自己有能力克服并解决，并知道可以向相关人员求助。

3.7_ 客服话术

客服通常需要与客户进行对话，了解客户的需求，从而为客户解决问题，并提供相关支持。

我们不妨让 AI 分别扮演客户和客服的角色并生成"自问自答"式对话，这有助于我们编制《客服常见问题问答手册》。

问 我是书店的客服，请你生成客户与客服之间的对话，长度不限，目的是帮助我编制《客服常见问题问答手册》。

答 客户：你好，请问我可以在你们的网站上购买电子书吗？

客服：您好！感谢您的咨询。是的，我们的网站提供电子书的购买服务。您可以通过搜索栏或者浏览相应的电子书分类来找到您感兴趣的电子书。一旦您选择了电子书，您可以将其添加到购物车并完成支付，然后您将获得电子书的下载链接或在您的账户中找到相关的下载选项。

客户：如果我购买的实体书有质量问题或者我不满意，可以退货吗？

客服：当然可以！如果您购买的实体书存在质量问题或者您不满意，我们可提供退货和退款服务。请您在收到书籍后仔细检查，并在一定时间内联系我们。我们将告知您退货的具体流程，并根据我们的退货和退款政策为您办理退款事宜。

（更多内容，略）

注意事项

1. AI 缺少人类的情感，在生成对话时可能无法准确地感知和表达情绪，从而导致结果具有偏差和误导性。

2. AI 生成的对话还需进一步优化，避免产生不当言论和造成不良影响。

3.8_ 主播话术

借助 AI 的强大功能，成熟主播能够快速写出适应不同场景和风格的主播话术，变换表达方式，使他们的直播内容更加丰富多彩。

对于新手主播来说，AI 可以作为智能导师，帮助新手主播快速成长，提高他们的直播技巧。AI 可以通过分析大量的主播话术样本，学习各种语言表达技巧和互动策略，然后根据新手主播的特点和需求，定制化地生成适合他们的话术。这个过程不仅包括语言的生成，还涉及语速、语调和情感表达的调整，以确保话术的自然流畅和观众的吸引力。

问 我是一位介绍学习方法的主播,请学习下方【】中的内容,然后为我生成一段600字的自我介绍,要求语言风趣幽默,最好能加入诗句、顺口溜或者名人名言,并凸显学习的重要性。

【参考(1)对普通人而言,不用花钱就能学习,其实是效率最低的学习方式。跟着明白人前进,是你进步最快的方式。但是你一定要找对人,对不对?认同的回复个"认同"!

参考(2)很多时候,不是你不想做好,也不是你不努力,只是你不知道如何去做。

参考(3)最好的投资,就是投资你自己!】

答 大家好,我是Kimi,一个致力于探索学习方法的主播。在这个知识爆炸的时代,学习就像是一场没有终点的马拉松,而我就是你的私人教练,帮你找到最适合自己的跑步节奏。

"对普通人而言,不用花钱就能学习,其实是效率最低的学习方式。"这句话可不是我说的,但它确实道出了一个真理:跟着明白人前进,是你进步最快的方式。但记住,找对人,就像找对路,走对了,事半功倍;走错了,事倍功半。所以,认同的回复个"认同",我们一起在知识的海洋里乘风破浪!

"很多时候,不是你不想做好,也不是你不努力,只是你不知道如何去做。"这句话就像是一盏明灯,照亮了那些在黑暗中摸索的学子们。而我,就是那盏灯的守护者,帮你点亮学习的道路,让你的努力不再迷茫。

"最好的投资,就是投资你自己!"这句话,我可是深信不疑。在这个不断变化的世界里,唯有不断学习,不断进步,才能让我们立于不败之地。而我,就是你的助力者,帮你投资自己,让你的知识和智慧,成为你最宝贵的财富。

所以,亲爱的朋友们,让我们一起在知识的海洋中遨游,不断探索,不断学习。记住,学习不仅是为了生存,更是为了生活。我是Kimi,你的学习方法专家,让我们一起,把学习变成一种享受,一种乐趣,一种生活的艺术。"书山有路勤为径,学海无涯苦作舟",但有了我,你的学习之旅,将不再孤单,不再迷茫。让我们一起,在学习的道路上,越走越远,越走越宽!

3.9 直播带货话术

在直播介绍商品的过程中,巧妙地运用用户熟悉的场景代入,无疑是激发用户购物欲望、增强互动与参与感的好办法。

不妨试试让 AI 生成话术,通过具有具画面感的语言描绘出商品使用的美好愿景,让用户仿佛置身于那些日常而又充满温情的瞬间,自然而然地感受到商品所带来的价值与美好,进而产生购买欲望。

问 我是一位穿搭主播,直播间用户主要是女性,我需要向她们介绍一款连衣裙,材质是棉麻的。请你先学习下方【】中的内容,然后为我生成 5 段介绍这款连衣裙的文字,100 字左右,要求:从不同的生活场景切入,打动直播间用户,促进她们购买。
【微胖的姐妹,今年大火的这款连衣裙,你入手了吗?这一款上身让你超级显瘦,剪裁很立体,能塑造出 S 形曲线。姐妹们想象一下,约会时你穿上这款连衣裙,他肯定都要看呆了!】

答 1.【日常休闲,轻松逛街】姐妹们,这款棉麻连衣裙,透气轻盈,仿佛夏日微风轻拂。周末逛街,搭上一双小白鞋,轻松自在,无论是在咖啡馆小憩还是在公园漫步,你都是街头美丽的风景。

2.【职场丽人,优雅转换】忙碌的职场生活中,也需要一抹温柔。这款连衣裙,棉麻质地彰显品位,简约设计不失高级感。换上它,无论是会议室里的干练发言,还是午餐时间的休闲交谈,都能让你在不经意间散发出职场女性的独特魅力。

3.【旅行必备,随性自在】想来一场说走就走的旅行吗?带上这件棉麻连衣裙就对了!它不仅舒适耐穿、易于收纳,还适合在多种情景中穿着:无论是山间小径的探险,还是海边日落的浪漫,都能完美融入背景,让你的每一张照片都充满故事感。

4.【家庭聚会,温馨之选】家庭聚会时,这款连衣裙能让你在温馨的氛围中更显亲切。棉麻材质带来自然的亲近感,简约而不失优雅的设计,无论是与长辈共叙家常,还是与姐妹分享趣事,都能让你成为聚会中的焦点,却又不失亲和力。

5. 【居家时光,惬意享受】结束一天的忙碌,换上这款棉麻连衣裙,让家成为最舒适的港湾。它的柔软触感让你身心都能放松,无论是在沙发上阅读,还是在床上追剧或小憩,都能感受到前所未有的放松与惬意,是提升居家幸福感的小秘密。

3.10_ 巧妙回复用户差评的话术

直播间不同的用户会有不同的需求,当有用户给出差评时,主播不能视而不见,因为这样的消极态度不仅会忽视用户的真实声音,还可能使用户更加不满意,破坏直播间的整体氛围,损害品牌形象;同时,主播还需保持高度的自我控制力,避免被个别情绪化的用户"带节奏",影响其他用户的观看体验及主播的直播节奏。

主播应学会积极、正面地回应用户的反馈,展现出解决问题的态度和能力。

为了防患于未然,主播可以事先做好充分的准备。比如,不妨利用AI提前进行模拟练习。通过输入用户的差评信息,让AI生成一系列既专业又人性化的回复话术。这些话术可以涵盖解释说明、道歉致歉、承诺改进、提供补偿等多个方面,旨在快速而有效地缓解用户的不满,并引导对话向积极的方向发展。

问 我是一位穿搭主播,直播间用户主要是女性,有用户说我推荐的衣服过时了,请为我提供5个幽默的回复,要求:不能攻击用户,最好能带动直播间的互动。

答 面对用户关于推荐衣服过时的反馈,保持幽默并促进直播间互动是非常重要的。以下是5个既不攻击用户又能带动氛围的幽默回复建议。

1. 哈哈,看来我这是不小心挖到了复古宝藏啊!不过话说回来,时尚不就是个圈嘛，说不定哪天这股"复古风"就吹回来了，咱们现在穿上就是走在潮流前沿的预言家呢！

2. 哎呀，看来我得去查查日历了，是不是不小心穿越到了过去？不过没关系，咱们一起重温经典，把这份"过时"的美，穿出不一样的韵味来，怎么样，有没有兴趣一起做个"复古美人"的挑战？

3. 哈哈，你这眼光真是太超前了，我推荐的明明是"未来复古风"，提前让你感受几年后的流行趋势呢！咱们这可是走在时间前面的时尚达人，一般人可不懂其中的奥妙哦！

4. 哎呀，看来我得去给我的时尚雷达升级一下系统了，居然没跟上你这位时尚先锋的步伐！不过没关系，咱们直播间就是交流时尚的好地方，你的意见我收到了，下次保证给你推荐点更"新潮"的款式，咱们一起引领潮流！

5. 哈哈，这衣服要是会说话，听到你这么说肯定会说："我可是经典永流传的代表呢！"不过嘛，每个人的时尚感都不一样，咱们就来个"时尚大碰撞"，看看谁能把这件"过时"的衣服穿出新的风采来，怎么样，直播间的小伙伴们，有人敢应战吗？

3.11_ 让 AI 更有"人情味"

人与 AI 最大的不同在于，人是情感动物，而 AI 没有感情。这并不妨碍双方交流，我们与 AI 交流，可以引导 AI 变得更有"人情味"，从而让其更了解我们，更精准地满足我们的需求。

怎样才能跟 AI 建立好的"人机关系"，让它更有"人情味"呢？策略如下。

✓ **调整语言风格**

在与 AI 对话时，可以使用更亲切、友好的词汇和句式，避免进行过于正式或技术性强的表达；也可以使用表达情感的词汇，以引导 AI 理解和回应我们的情感状态。

✅ **提供更多背景信息和资料**

AI 可以分析之前的对话记录或问题背景,以理解提问者的意图和需求,并提供更贴切、更个性化的回答。

✅ **进行评价和反馈**

对 AI 的回答进行评价和反馈,可以引导 AI 不断分析评价和反馈以改进回答,逐渐提升"人情味"。

例如:中秋节前,你要给客户发送一封问候邮件,但不知道该怎么说,这时候就可以找 AI 帮忙。

问 (提供上下文背景及调整语言风格)马上要到中秋节了,我需要给客户发一封问候邮件,请帮我写一下,邮件要充分表达我的尊敬。

答 尊敬的客户:
中秋佳节即将来临,我希望借此机会向您表达我对您的尊敬与感激之情。
(更多内容,略)

问 (进行评价和反馈)我觉得表达尊敬的感觉还不够,请你再让语言更富有情感。

答 尊敬的客户:
我怀着无比崇敬和由衷的情感,向您致以最深沉的问候和最诚挚的祝福!在中秋佳节来临之际,我想向您表达我对您的无尽敬意和深深的感激之情。
(更多内容,略)

通过训练来引导 AI 模仿人类表达情绪、感受,从而让 AI 生成的内容更有"人情味"。

拓展练习

1. 将员工对公司的评价发给 AI,让 AI 分析员工的情绪。
2. 将一段人工客服对话发给 AI,让 AI 给出优化人工客服的建议。

第 4 章

新媒体运营

4.1_ 提供选题

撰写新媒体文章的第一步就是确定选题。选题是新媒体创作的灵魂,优秀的选题能够吸引更多的关注,创造更高的价值。因此,对于创作者来说,寻找新鲜、独特且有吸引力的选题变得愈发重要。

运用 AI,创作者可以源源不断地获得选题灵感,无论是深度挖掘某一话题,还是广泛寻找创意。下面一起看看这个过程吧。

第一步,给 AI 设定角色,让它生成标题。

问 你是一位资深新媒体文案创作者,最近 AI 很火,请你针对 AI 在新媒体写作方面的应用,提供 10 个与之相关的新媒体文章选题。

答 1. AI 引领新媒体写作革命:从标题到正文,如何高效撰写吸引人的内容?
2. 让 AI 为你写作:揭秘 AI 如何助力新媒体创作者提高创作效率与质量
3. 当新媒体遇上 AI:如何运用人工智能生成引人入胜的文章标题?
4. 聊天机器人在新媒体写作中的实战应用:案例分析与心得分享
5. 多语种创作:如何利用 AI 实现多语种新媒体文章的快速创作与发布?
6. 提升内容质量:AI 如何助你优化新媒体文章的结构?
7. 智能写作助手:如何将 AI 应用到新媒体文案写作与广告策划?
8. 聚焦用户需求:利用 AI 分析受众兴趣,精准定位新媒体写作方向
9. 从关键词到文章:AI 如何助你实现新媒体文章的高效优化?
10. 前沿技术实践:AI 与新媒体写作的未来趋势和发展潜力

第二步,细化要求。AI 生成选题后,可以给出具体的要求来帮助 AI 迭代,从而生成更贴近需求的选题。要求可以是选题的风格、面向的人群、文章达到的效果等。

问 最近 AI 很火,我想针对 AI 在新媒体写作方面的应用进行介绍。请为我提

供 10 个与之相关的新媒体文章选题。选题要求：新颖、有趣、实用，对新媒体写作有实际指导作用，能够吸引新媒体创作者阅读。

答 1. 聊天机器人助攻：如何运用 AI 为你的新媒体写作插上翅膀？
2. 解锁创意无限：探索 AI 如何助力新媒体创作者挖掘写作灵感
3. AI 写作顾问：如何将 AI 应用于新媒体写作，优化文章结构？
4. 高效生成文章：如何利用 AI 快速撰写具有吸引力的新媒体文章
5. 跨界新媒体写作：运用 AI 实现多语种创作，提升企业影响力
6. 个性化写作风格：如何通过 AI 打造独具特色的新媒体写作风格？
7. 内容策划神器：探讨 AI 在新媒体广告策划和文案写作中的应用
8. 智能分析受众需求：如何运用 AI 优化新媒体文章内容，提升受众满意度？
9. SEO 黑科技：运用 AI 优化新媒体文章关键词，提高曝光度
10. 新媒体创作者的未来：探讨 AI 与新媒体写作的融合与发展趋势

如果觉得还不够好，可以加入特定的人群，让选题聚焦于更清晰具体的受众群体。

问 很好，接下来请你面向自媒体创作者，给出 10 个更具有针对性的新媒体文章选题。

答 1. 聊天机器人助力自媒体创作：如何运用 AI 优化文章结构？
2. 内容创新实践：AI 如何帮助自媒体创作者挖掘独特的创意和话题？
3. 提高自媒体写作效率：运用 AI 快速生成高质量的内容
4. 语言风格转变：教你利用 AI 撰写富有个性的自媒体文章
5. 多语种自媒体创作：AI 助力企业开拓国际市场，扩大受众群体
6. 聚焦受众需求：运用 AI 实现精准定位和内容优化
7. 营销文案黑科技：如何利用 AI 提升自媒体文案的表达效果？
8. SEO 神器：运用 AI 实现自媒体文章关键词的优化和排名的提升
9. 合作与共创：探讨运用 AI 促进自媒体创作者间的交流与合作

10. 自媒体创作者的未来：探索聊天机器人与自媒体行业的融合与发展趋势

第三步，反馈迭代。细化要求后得到的选题会更加符合创作者的需求，这时可以选择其中有兴趣的选题，要求 AI 再进行细化，从而让撰写内容变得更容易。

问 这几个选题中第 1、2、3、8 比较实用，可以按照这几个选题的角度，再细化 10 个选题。

答 **1. 聊天机器人助力自媒体创作**
1.1 如何运用 AI 构思文章结构，优化自媒体文章框架？
1.2 利用 AI 提高文章的可读性：实用技巧分享
1.3 用 AI 解决写作难题：从选题创意到内容成型，一站式解决方案揭秘

2. 内容创新实践
2.1 AI 助力自媒体创作者挖掘热点话题：敏锐洞察趋势
2.2 聊天机器人为你的创意加分：如何用 AI 丰富自媒体创作主题？
2.3 创意灵感源泉：运用 AI 实现自媒体创作的多元化与创新

3. 提高自媒体写作效率
3.1 如何利用 AI 快速梳理思路，提高写作速度？
3.2 文章高效生成技巧：利用 AI 撰写自媒体文章的实用指南
3.3 聊天机器人在自媒体写作中的应用实战：案例分析与心得分享

4. SEO 神器
4.1 AI 在自媒体文章 SEO 中的应用：提升关键词排名的秘诀
4.2 如何运用 AI 进行 A/B 测试，优化自媒体文章标题与关键词？
4.3 利用聊天机器人优化自媒体文章结构与内容：提高搜索排名的实用方法

> **注意事项**
>
> 1. 想要得到更符合自己需求的选题,就要给出更明确的要求。比如选题的风格、面向的人群、文章要达到的效果等。借助 AI 可以发散思维,但是如果需求不明确,信息太少,AI 生成的选题实用价值并不高,不利于创作者应用到实际创作中。
> 2. 针对生成的选题,可以要求 AI 再细化。如果 AI 生成的选题范围比较大,可以对生成的结果进行反馈,挑选感兴趣的选题方向继续细化。

拓展练习

1. 请 AI 针对职场人士,给出 10 个新媒体文章选题。要求:围绕 AI 对职场人士的影响,制造一定的紧迫感,让用户想打开文章了解内容。
2. 最近 AI 应用非常火爆,让 AI 作为一位资深的新媒体文案创作者,围绕这个主题,给出 10 个选题,要求适合在 ××× 平台(如小红书)发布。
3. 让 AI 作为一位 ×××(新媒体文案、内容营销、职场面试)专家,针对张三提出的问题提供建议。张三是一位 ×××(小红书、知乎、微博)博主,张三的定位是 ×× 达人,请帮张三想 10 个这个领域的热门选题。

4.2 标题撰写

作为一位新媒体从业者或者自媒体博主,想通过内容获取粉丝,标题是其中不可或缺的重要元素。一个好的标题,可以快速吸引用户的注意力,使文章获得更多的曝光,从而为账号带来更多潜在的粉丝。

但是新媒体平台不同,用户喜爱的标题风格有所不同,对于创作者来说,快速了解不同平台的文章标题风格很重要。要想提升标题的质量和产出的效果,不妨试试使用 AI。

第一步，设定角色，提供参考，总结特征。 想快速写出符合预期的爆款标题，就要给 AI "投喂"对应的案例，AI 可以从中提炼创作者所预期的爆款标题的共同特点。

问 你现在是一位非常优秀的新媒体文案创作者，接下来我给你发送 10 条小红书风格的爆款笔记标题，请你总结这些标题的共同点。
1. 10 款眼霜大合集！不同年龄、眼周问题怎么选？
2. 回购到破产的精华眼霜！眼纹黑眼圈"大杀器"！
3. 自用测评！25 岁后抗老，无限回购的眼霜
4. 含泪推荐！重度黑眼圈的姐妹一定要试试这个！
5. 跪求别停产！国货之光！对抗干纹&黑眼圈，绝了！
6. 好用不"踩雷"！我终于找到了小黑瓶的平替！

（更多标题，略）

答 根据您提供的 10 条小红书爆款笔记标题，我总结出以下共同点。
1. 针对性：这些标题针对不同年龄、问题或需求，如黑眼圈、抗皱、抗老等。
2. 情感色彩重：用词带有情感色彩，如"好用不'踩雷'""终于找到了""跪求别停产"等，让读者产生共情。
3. 第一人称：多使用第一人称（如"我"），强调个人体验和真实感受。
4. 回购与推荐：突出产品的质量和效果，如"回购到破产""无限回购""含泪推荐"等。
5. 亲身体验：强调作者的亲身体验和试用效果，如"自用测评"，增加可信度。
6. 直接表达：标题直接表达文章内容，使读者一目了然。
7. 悬念与好奇心：通过提问、制造疑问等方式，激发读者的好奇心，如"怎么选？""跪求！"等。

根据这些共同点，您可以尝试重新拟写符合小红书爆款标题特点的文章标题。

第二步，拟写标题。

问 很好，请你根据这些共同点，再写 10 条小红书标题，围绕眼霜推荐这个主题。

答 根据您提供的标题的共同点，我为您准备了以下 10 条围绕眼霜推荐的小红书标题。

1. 18 款眼霜全测评！告别黑眼圈，适合你的究竟是哪款？😊
2. 我的眼周保养大揭秘！对抗黑眼圈、抗皱眼霜都在这里 ✨
3. 熬夜族福音，去黑眼圈的眼霜，我亲测有效！👁
4. 心动不如行动！25 岁后无限回购的眼霜盘点！💖
5. 重度"黑眼圈"福音！姐妹们快来试试这款神奇眼霜！😎

（更多标题，略）

这些标题更加符合小红书爆款标题的特点，您可以根据自己的实际情况和需求进行选择或修改。如果您需要进一步的帮助，请随时告诉我。

AI 总结出平台爆款标题的共同点之后，可以轻易生成其他选题对应的爆款标题，注意尽量使提供给 AI 的信息能具体描述想要撰写的选题，比如应是"写作书单推荐"，而非"书单推荐"。

问 请你根据上述共同点，再写 10 条小红书标题，围绕"写作书单推荐"这个话题。

答 根据您提供标题的共同点，我为您准备了以下 10 条围绕"写作书单推荐"的小红书标题。

1. 一文掌握！写作书单大揭秘，成为大神就靠它们！📚
2. 亲测有效！提升写作水平的神级图书，值得拥有！✍
3. 写作进阶秘籍！我亲身试过的写作水平提升利器 ✨
4. 跪求再版！这些写作图书让我成为作家，赞！👍
5. 想成为作家？这 10 本书，带你飞！🚀

6. 写作书单推荐！告别文笔的笨拙，一飞冲天！
7. 书单来了！我为你总结了写作必读佳作！
8. 提升写作能力的神奇力量！快来看这些好书！
9. 跪求别错过！这些书让我写作无往不胜！
10. 文笔飞速进步！亲测有效的写作图书推荐

这些标题更加符合小红书的爆款特点，您可以根据自己的实际情况和需求进行选择或修改。如果您需要进一步的帮助，请随时告诉我。

> **你还可以这样问**
>
> 当 AI 生成标题后，可以让它根据你的要求修改。
>
> 问 第 5 个标题后半句没有吸引力，其他标题可以加上书单中图书的具体数量，增加读者的获得感，请你再优化一下这 10 个标题。

> **注意事项**
>
> ***1.*** 学会给 AI 赋予角色，让它能够更好地匹配工作。比如要进行新媒体创作，可以赋予它相关的身份"自媒体达人""优秀的新媒体文案创作者""10 年经验的文案写手"，不同的身份，所生成回答的专业程度会有所不同。
>
> ***2.*** 想更快地得到符合预期的爆款标题，就给 AI 发送符合标准的案例。AI 的分析、学习速度非常快，通过总结案例的特点，生成的标题会更加符合创作者的需求。建议提供案例时优先选择符合选题需求的已获得高赞、高阅读量的文案的标题。
>
> ***3.*** AI 的答案不一定最优，还需要创作者反馈来进行优化。因此，想写出符合各个新媒体平台的爆款标题，需要创作者在日常工作生活中多浏览相关平台，熟悉各个新媒体平台的标题风格。

拓展练习

1. 让 AI 根据"×××××"来草拟标题,可以多推荐几个,有以下 4 点要求。
- ✓ 标题中体现具体的读者群体。
- ✓ 针对读者群体的需求提供有价值的信息。
- ✓ 读者群体:×××、×××、×××、×××。
- ✓ 字数不超过 25。

示例:职场新人不加班的 3 个秘诀,成年人社交中要注意的 4 个潜规则,让新媒体小编早下班的 5 个超级好用的网站。

2. 文章的标题是"××××××××××",让 AI 按照以下方式进行改写,字数不超过 20。
- ✓ 对号入座式:加入读者特征标签,让读者产生共鸣。
- ✓ 蹭热点式:结合热点事件或名人话题,吸引读者。
- ✓ 反常识式:突破传统思维,引发读者思考。
- ✓ 自问自答式:用问题引起读者兴趣,提供解决方案。
- ✓ 悬念式:通过引起读者好奇心,吸引读者打开文章阅读。
- ✓ 场景式:通过具体场景描写,让读者产生共鸣。
- ✓ 经验分享式:分享作者的经历或技巧,满足读者需求。
- ✓ 调动情绪式:利用情绪引导,吸引读者参与。
- ✓ 强调式:用强势语气强调某个观点或行动,促使读者行动。

4.3_ 快速梳理思路大纲

想写好一篇文章，思路清晰的大纲必不可少。大纲写得好，一定程度保证了这篇文章最后的质量不会很差。

很多时候，我们看到一个主题、一个观点或者一个热点，觉得有成为爆款的潜力，想围绕这个主题、观点或热点写篇文章，但是没有成型的想法，就可以借助 AI 来撰写文章的大纲，从而得到更多写作的思路和想法。

大多数情况下，我们给出文章的主题或者某个文章选题，AI 即可生成一份初步的大纲，过程如下。

第一步，给出要求。

问 请帮我撰写一篇微信公众号文章，主题是"婚姻中，金钱和爱情哪个更重要？"现在请撰写这篇文章的大纲。

答 以下是关于"婚姻中，金钱和爱情哪个更重要？"这一主题的微信公众号文章的大纲。

一、引言
提出文章的主题：婚姻中，金钱和爱情哪个更重要？
利用热点问题或现象，吸引读者注意，引导读者思考。

二、爱情的作用
阐述爱情在婚姻中的重要作用，强调爱情的陪伴和支持作用。
列举现实生活中的案例，展示爱情在婚姻中的积极影响。
描述爱情在婚姻陷入困境时的作用。

三、金钱的作用
探讨金钱在婚姻中的重要作用，强调金钱可以为婚姻生活提供基本的物质保障。
通过真实案例，分析金钱在婚姻中的现实意义。
讨论金钱可能给婚姻带来的挑战。

四、爱情与金钱的平衡
分析爱情和金钱在婚姻中各自的优劣势。

提出在婚姻中如何平衡爱情和金钱的关系，包括沟通、理解和共同努力等方面。

五、名人观点与研究成果

引用名人关于爱情与金钱在婚姻中的观点。

分享心理学、社会学等相关领域的研究成果，从专业角度进行分析。

金钱的关系。

，促进婚姻生活和谐发展。

有重要作用，关键在于找到合适的平

情，理性对待金钱，共同努力创造幸

的参考。根据这个大纲，您可以逐一

内容。希望对您有所帮助。

生成的大纲反馈自己在实际撰写中可

能 行优化。

问题或者现象可以吸引读者的注意？

些挑战，请具体说明。

自的优劣势，也请详细说明。

开，添加更详细的内容，让创作者能够

个更重要？"这一主题的微信公众号文章

爱情哪个更重要？

引入矛盾：举例说明婚姻中金钱或情感问题而产生的矛盾或冲突，如"闪婚闪离"现象、婚姻中的经济纠纷等。

二、爱情的作用

阐述爱情在婚姻中的重要作用，强调爱情的陪伴和支持作用。

列举现实生活中的案例，展示爱情在婚姻中的积极影响。

描述爱情在婚姻陷入困境时的作用。

三、金钱的作用

探讨金钱在婚姻中的重要作用，强调金钱为婚姻生活提供基本的物质保障。

通过真实案例，分析金钱在婚姻中的现实意义。

讨论金钱可能给婚姻带来的挑战：

a. 经济压力导致双方关系紧张；

b. 消费观念不合引发矛盾。

四、爱情与金钱的平衡

分析爱情和金钱在婚姻中各自的优劣势。

a. 爱情的优势：提供情感支持，提供行为动力。

b. 爱情的劣势：无法满足物质需求。

c. 金钱的优势：解决生活所需，提供安全感，改善生活质量。

d. 金钱的劣势：可能导致关系紧张，容易让人产生依赖、过度物质化。

提出在婚姻中如何平衡爱情和金钱的关系，包括沟通、理解和共同努力等方面。

五、名人观点与研究成果

引用名人关于爱情与金钱在婚姻中的观点。

分享相关领域的研究成果，如心理学、社会学等，从专业角度进行分析。

六、实用建议

提供实用建议，帮助读者正确看待爱情与金钱的关系。

a. 增进双方沟通：定期分享感受、金钱观念和期望，消除误解和矛盾。

b. 制订合理的家庭预算：根据双方的收入和支出，制订合理的家庭预算，确保生活质量和感情稳定。

c. 保持独立：在婚姻中保持一定程度的经济独立，避免金钱问题导致的过度依赖和压力。

d. 注重感情培养：在日常生活中花时间陪伴对方，为彼此创造浪漫时刻，增进感情。

e. 理性消费：避免过度物质化的生活，关注精神层面的需求，培养健康的消费观念。

七、结论

总结文章观点：婚姻中，金钱和爱情都具有重要作用，关键在于找到合适的平衡点。

激励读者：鼓励读者在婚姻生活中珍惜爱情，理性对待金钱，共同努力创造幸福的婚姻。

这个优化后的大纲可以作为您撰写微信公众号文章的参考。根据这个大纲，您可以逐一展开每个部分，为每个部分添加详细的内容。希望对您有所帮助。

注意事项

1. AI 生成的大纲在整体结构上会比较全面，但是如果仔细看每一个板块的内容，可能还是过于宽泛。这时创作者可以针对具体的板块要求 AI 进一步细化。
2. 对于日常创作来说，给 AI 提供文章的主题，就可以轻松得到文章的大纲。如果是一些个性化的写作，应为 AI 提供更加具体的撰写信息。

拓展练习

1. 让 AI 写一篇文章的大纲，这篇文章的相关信息如下。
- ✓ 文章主题：努力和天赋哪个更重要？
- ✓ 目标受众：职场人士。
- ✓ 文章目的：希望通过这篇文章让读者认识到努力的价值。
- ✓ 文章类型和风格：用故事引入，语言风格平实质朴。
- ✓ 文章字数：1000 字左右，不超过 1500 字。
- ✓ 关键元素：包含故事、名人金句。

2. 让 AI 作为一位资深的新媒体文案创作者，提供一篇适合知乎平台的文章的大纲，文章主题：全职妈妈和"职场妈妈"哪个价值更大？

4.4_ 小红书笔记

作为一位小红书内容创作者，在已经掌握小红书内容创作秘诀的情况下，如何利用 AI 更快速地生成一篇合格的小红书笔记，提升小红书矩阵，即多个小红书账号的内容创作效率，是本节要重点解决的问题。

除了可以利用 AI 批量生成标题（参见 4.1 节），笔记内容同样可以。小红书的爆款笔记主要分为三类：清单体、干货体和"种草"体。不同的笔记类型有不同的提问方式。接下来以干货体为例，演示利用 AI 创作小红书笔记的过程。

第一步，设定角色，询问标准。 赋予 AI 一个相关平台创作者的身份，有利于它更加精准地回答问题。

问 你是一位拥有 100 万粉丝的小红书博主，请你告诉我小红书爆款笔记有哪些特征？

答 小红书作为一个社交电商平台，吸引了众多博主和用户。想要写出爆款笔记，你需要关注以下几个特征。

1. **强烈的视觉冲击力**：优质的图片和视频能够吸引用户的注意力。尽量使用高质量、具有美感的图片或视频，确保视觉呈现效果出色。

2. **高度相关的话题**：选择热门话题，以提高内容的关注度。关注节日、热门活动等信息，挖掘用户的需求，制作相关的内容。

3. **独特的见解或角度**：尝试提供独特的观点或分享新鲜的体验，让用户在众多博主中关注到你。可以是产品评测、实用技巧、经验分享等，要有自己的风格和特色。

4. **精准的定位**：了解你的目标受众，确保内容和他们的兴趣和需求相匹配。研究用户的年龄、性别、兴趣爱好等信息，提供针对性的内容。

5. **好的文案**：内容要简洁明了且吸引人。尝试使用引人入胜的标题和有趣的描述，让用户愿意花时间阅读你的笔记。

6. **互动性**：鼓励用户参与评论和互动，回答用户的问题，与用户建立良好的关系。可以通过提问、征集意见等方式，提高用户参与度。

7. **社交媒体推广**：善用其他社交媒体平台进行推广，吸引更多的关注。可以在微博、抖音、微信等平台分享你的小红书笔记，扩大影响力。
8. **持续更新**：定期发布高质量的内容，保持活跃，让用户时刻关注你的动态。形成稳定的发布节奏，让用户习惯你的更新频率。

综上所述，制作爆款小红书笔记需要注重视觉效果、话题选择、独特见解、精准定位、文案吸引力、互动性、社交媒体推广以及持续更新。只要做好这些方面，你的小红书笔记就有很大的机会成为爆款。

第二步，确认标准。将自己已经总结出来的小红书爆款笔记标准提供给 AI，并记得让 AI 重复一遍，确保它真正理解和吸收，这样更有利于创作出符合创作者要求的作品。

问 你说的这个比较笼统，接下来我会发给你小红书爆款笔记的风格特征，请你记住这些特征，并且用你自己的语言再阐述一遍。

小红书爆款笔记的特征如下。
1. **真实经验分享**：由真实用户分享自己的经验和心得，内容真实可信。
2. **实用技巧建议**：包含了一些实用技巧和建议，帮助用户解决生活中的问题。
3. **内容有趣有料**：这些笔记不仅有实用的技巧，还有一些有趣的故事和有趣的图片，让笔记更加吸引人。
4. **笔记通俗易懂**：文字内容通常简单易懂，避免使用专业术语或复杂的语言，让读者容易理解和掌握。
5. **适当的表情符号**：表情符号让笔记生动有趣，也能够突出笔记的重点。
6. **笔记相关的标签**：加上和笔记内容相关的标签，能增加曝光。

答 根据您提供的小红书爆款笔记的风格特征，我将用自己的语言进行阐述。
1. **真实体验**：爆款笔记来源于用户的真实体验和感悟，这样的内容才具有可信度和吸引力。
2. **实用建议**：提供实际可操作的技巧和建议，帮助读者解决日常生活中遇到的问题。

3. 有趣且内容丰富：笔记中包含有趣的故事和图片，以吸引读者的注意力，使内容更具吸引力。

4. 通俗易懂：使用简单明了的语言，避免过于专业或复杂的表达，让读者能够轻松理解和掌握内容。

5. 合适的表情符号：适当使用表情符号，让笔记更加生动有趣，并能突出重点的内容。

6. 相关标签：添加与笔记内容相关的标签，以提高笔记在平台的曝光率。

通过遵循这些风格特征，您可以在小红书上创作出更具吸引力和影响力的爆款笔记。

问 好，请你记住以上特征，并且后续严格按照这个特征来生成小红书的爆款笔记内容。

答 好的，我已经记住了这些特征，并会在后续为您生成小红书爆款笔记内容时严格遵循这些特征。如果您有任何关于小红书爆款笔记的需求，请随时告诉我，我将竭诚为您提供帮助。

第三步，提供主题，生成笔记。

问 请以"为什么要多看书"为主题，写一篇小红书爆款笔记，遵循上述小红书爆款笔记的特征。

答 大家好，今天我要跟大家分享阅读的一些心得。我相信很多人都听过"书中自有黄金屋"，但是真正投入阅读的人却并不多。那么，为什么我们要多看书呢？让我来告诉你！✨

1. 扩展知识面 📚

我们每天都在学习新知识，而阅读是最有效的途径之一。通过阅读，我们可以了解世界各地的风土人情，各种专业领域的知识，让自己的知识体系更加丰富且多元化。

2. 提高思维能力

多看书能够锻炼我们的思维能力，学会从不同的角度看问题。阅读能够拓展我们的思维，让我们变得更聪明、更具创造力。

3. 陶冶情操

书中的美好文字和优美故事可以给我们带来愉悦的心情，让我们在忙碌的生活中得到片刻的宁静和放松。通过阅读，我们可以陶冶情操，提升自己的品位。

4. 提升沟通能力

阅读可以帮助我们提升沟通能力。通过阅读我们可以积累更多的词汇、表达方式与技巧，从而在与人交流时更加自信、顺畅。

5. 培养习惯，成就未来

养成阅读的习惯，不仅能让我们在短期内受益，还能让我们在未来获得更多的机会和成就。坚持阅读，让自己的人生更加精彩！

小伙伴们，是时候拿起书本，开始阅读了！记得给自己设定一个阅读目标，从今天开始，让阅读成为我们生活的一部分。你有什么好书推荐吗？在评论区告诉我吧！

#多看书 #阅读的力量 #阅读习惯 #提升自己

第四步，反馈迭代。

问 可以在这篇笔记中再加入一些关于读书重要性的名人金句，来增加笔记的可读性。

答 大家好，今天我要跟大家分享阅读的一些心得。我相信很多人都听过"书中自有黄金屋"，但是真正投入阅读的人却并不多。那么，为什么我们要多看书呢？让我来告诉你！

1. 扩展知识面

我们每天都在学习新知识，而阅读是最有效的途径之一。通过阅读，我们可以了解世界各地的风土人情，各种专业领域的知识，让自己的知识体系更加丰富且多元化。就像莎士比亚说的:"书籍是人类知识的总结。"

2. 提高思维能力 💡

多看书能够锻炼我们的思维能力,学会从不同的角度看问题。阅读能够拓展我们的思维,让我们变得更聪明、更具创造力。如同鲁巴金所言:"读书是在别人思想的帮助下,建立起自己的思想。"

(更多内容,略)

注意事项

1. 如果不清楚平台标准,也可以使用 4.1 节介绍的方法,给 AI 提供平台的爆款文章,让 AI 先总结文章特征再生成内容,这样生成的内容更加符合要求。
2. AI 生成的小红书笔记中,符号一般会比较规整地摆放在段落的开头或者结尾。创作者在正式发布笔记时可以调整符号位置,让笔记内容看起来更加自然。
3. AI 无法获取小红书平台的数据,所以 AI 生成的笔记最后的话题词并不能保证是小红书平台浏览量高的话题。

拓展练习

1. 让 AI 作为一位小红书平台的博主,为 ×× 产品写一篇"种草"笔记,要求如下。
- ✓ 内容包括:产品卖点、使用场景、亲身体验。
- ✓ 多使用可爱的表情,多用空行。
- ✓ 笔记最后加标签,标签的格式是"# 标签"。

2. 让 AI 作为一位小红书精品内容推荐博主,推荐三部 ××× 主题的电影,要求如下。
- ✓ 笔记第一段直接点题,用精简的文字突出这条笔记的价值。
- ✓ 为每部电影评分,用 ☆ 的多少表示,最多五颗 ☆。
- ✓ 推荐理由要客观公正。
- ✓ 引导用户和博主互动、查看往期笔记或关注即将更新的笔记。

- ✓ 在笔记的最后加上合适的标签，标签的格式是"# 标签"。
- **3.** 让 AI 作为一位小红书上具有 ×××× 能力的专业型博主，向关注的用户分享实用的干货内容，笔记内容的要求如下。
- ✓ 笔记第一段直接点明主题，突出这条笔记的价值。
- ✓ 介绍 ×× 领域一个非常重要的技能/工具，用 what-why-how 的结构来写。
- ✓ 用丰富的表情符号来增加内容的可阅读性。
- ✓ 引导用户和博主互动、查看往期笔记或关注即将更新的笔记。
- ✓ 在笔记的最后加上合适的标签，标签的格式是"# 标签"。

4.5 公众号文章

在新媒体时代，公众号文章已成为传播思想、分享观点的重要渠道。而撰写公众号文章不仅需要有独特的观点，还要具备引人入胜的表达。通常创作者完成一篇文章需要经过以下 5 个步骤。

确定选题 ⇨ 优化标题 ⇨ 思路大纲 ⇨ 撰写内容 ⇨ 丰富细节

通过本章的前 3 节，我们已经可以利用 AI 轻松地完成选题、标题和大纲的撰写工作。

接下来介绍如何利用 AI 来帮助新媒体创作者更高效地完成公众号文章创作，实现与读者的深度互动，获得读者认同。

第一步，明确要求。

> **问** 你是一位婚姻情感专家。如果我想让你围绕主题"婚姻中，金钱和爱情哪个更重要？"写一篇微信公众号文章，需要为你提供哪些信息？

答 要围绕"婚姻中,金钱和爱情哪个更重要?"这个主题撰写一篇微信公众号文章,您可以提供以下信息,以帮助我更好地了解您的需求和观点。

1. **您的观点**:您认为在婚姻中,金钱和爱情哪个更重要。您希望文章倾向于支持哪一方,或者您希望保持中立,让读者自己做出判断。
2. **文章结构**:您希望文章采用什么样的结构。例如,您可以选择让文章从两个方面进行对比分析(金钱的作用与爱情的作用),或者先分别阐述金钱和爱情的作用,再给出您的观点。
3. **实例与案例**:您是否有一些关于婚姻中金钱和爱情的案例或者故事,可以用于支持您的观点。
4. **文章风格**:您希望文章采用什么样的风格,严肃、幽默、轻松还是其他风格。
5. **目标受众**:您希望文章针对哪类读者,是已婚人士、未婚人士,还是所有人。
6. **文章字数限制**:您希望文章控制在多少字以内。
7. **关键点**:如果您有任何特别关注的问题或要求,请列出这些关键点,以便我在撰写文章时加以考虑。

一旦您提供了这些信息,我将能够撰写一篇符合您要求的微信公众号文章。

第二步,给出信息,撰写内容。 根据 AI 提出的要求,创作者补充信息,如果遇到一些还不明确的部分,可以不提供。比如实例与案例、关键点等。

问 好,请你围绕"婚姻中,金钱和爱情哪个更重要?"这个主题撰写一篇微信公众号文章。

文章相关信息要求如下。

1. **文章的观点**:希望文章在观点上保持中立,让读者自己做出判断,并积极参与文章讨论。
2. **文章结构**:先从两个方面进行对比,分析金钱的作用与爱情的作用,再结合文章的观点进行总结,引发读者思考和讨论,表达读者自己的观点。
3. **文章风格**:风格偏严肃一些,加入一些幽默轻松的元素。
4. **目标受众**:希望针对即将结婚和已婚的人群,女性为主。

5. 文章字数限制：文章的字数控制在 1500 以内。

答 标题：婚姻中，金钱和爱情哪个更重要？

导语：在婚姻的世界里，金钱和爱情常常被视为两大核心元素。那么，它们究竟哪一个更重要？让我们一起探讨这个话题。

（扫描二维码，发送关键词"45016"，查看 AI 生成的完整信息）

第三步，反馈优化。

问 目前这篇文章太过于空洞，请将"金钱的作用"和"爱情的作用"两个部分进行优化，要求每个点都要有相关的案例支持，用第一人称阐述。

答 标题：婚姻中，金钱和爱情哪个更重要？

导语：在婚姻的世界里，金钱和爱情常常被视为两大核心元素。那么，它们究竟哪一个更重要？作为一个经历过风风雨雨的已婚女性，我将从金钱和爱情两方面分享一些个人经历和看法。

（扫描二维码，发送关键词"45026"，查看 AI 生成的完整信息）

第四步，丰富细节。在大纲中会看到一些故事或者案例的描写很简短，这样作为文章来说会显得过于简单，不够丰富。因此可以让 AI 单独扩写这个片段或者这句话。

问 能否优化并扩写这段内容，使其更富有吸引力和说服力，同时保持其准确性和完整性？

在进行扩写时，希望你能在原有内容的基础上添加更多的细节和例子，让内容更加具有说服力。

原内容是：我的婚姻生活中曾有过一段经济拮据的日子，每天都在为钱而烦恼，这种压力无疑加大了婚姻的负担。

答 经过优化和扩写，以下是修改后的内容：

在我和丈夫刚步入婚姻殿堂的那段时间，我们的经济状况并不理想。那时候，我们都是初入职场的年轻人，收入微薄，生活中的各种开支让我们倍感压力。每当月底，我们总是需要精打细算，才能勉强度过艰难的日子。这种经济拮据的状态，使我们的婚姻生活蒙上了一层阴影。

在那段艰苦的日子里，我们不得不放弃许多原本美好的梦想。例如，我们曾计划在结婚周年纪念日出去度假，但由于经济问题，我们不得不取消这个计划。此外，为了节省开支，我们甚至改变了生活习惯，放弃了许多曾经喜欢的娱乐活动，如看电影、吃大餐等。在那段时期，我们每天都在为钱而烦恼，这种压力无疑加大了婚姻的负担。

然而，在经历了那段艰难时期后，我们逐渐认识到金钱并非婚姻的全部。尽管经济条件困难，我们仍然努力维系彼此之间的爱意，互相支持、鼓励，共同度过了那段时光。事实上，这段经历让我们更加珍惜对方，让我们明白了，婚姻中，爱情和金钱都很重要。但关键在于如何在二者之间找到平衡，让它们共同为我们的婚姻助力。

你还可以这样问

如果想让 AI 优化文章段落，可以用下面的指令。

问 我希望你能够帮我优化以下文案，使其更具吸引力，同时减少与原始文案的相似度，但不改变表达的意思。

原始文案如下：（原始文案，略）

> **注意事项**
>
> 1. 用 AI 写文章时最好分段优化。一篇公众号文章通常篇幅较长，一次性完稿并且写得很符合要求的概率较小。通过分段优化，可以获得不同段落更合适的素材，用于文章中的效果会更好。
> 2. AI 生成的内容中，如果某个故事或者案例不够丰富，可以单独拿出这个片段要求 AI 继续进行扩写。

4.6 知乎文章

知乎已成为人们获取知识、分享见解的重要平台。平时喜欢浏览知乎的用户大多是带着一个具体的问题有目的地阅读。

对于一些新手创作者来说，创作专业的内容需要具备丰富的知识、深刻的见解，确实存在一定的困难。但通过 AI 的协助，迅速撰写出具有深度与独特观点的知乎高赞回答不再是难事。

经过笔者日常创作和实践，发现知乎上比较受欢迎的问答类型是问答体、故事体和清单体。接下来就以其中一种文体（清单体）为例，带大家用 AI 进行创作。

第一步，建立认知。 可以询问 AI 是否了解知乎这个平台，以此来判断它是否有知乎平台文章创作风格的数据库。如果有，会更加有利于创作。

问 你知道知乎这个平台吗？

答 当然知道，知乎是一个知识分享平台……

第二步，统一风格。 从 AI 的回答可以看出其数据库中有知乎平台的相关数据，因此可以进一步询问它知乎平台的创作风格。

问 你知道知乎平台上的高赞回答有什么共同点吗？

答 知乎平台上的高赞回答通常具有以下几个共同点。

1. 专业性：高赞回答通常具有很强的专业性，提供的信息准确、可靠，并且内容深入。这些回答往往来自对相关领域有深刻了解的专业人士或研究者。
2. 逻辑性：高赞回答在表达观点时条理清晰、逻辑严密，使读者容易理解和接受。
3. 文笔优美：好的回答往往具有鲜明的个性，用词准确、句子流畅，能够吸引读者继续阅读。
4. 实用性：高赞回答往往具有很高的实用性，能够解决读者实际问题或满足他们的需求。
5. 情感共鸣：高赞回答有时会触动读者的内心，让读者产生共鸣和认同感。
6. 举例说明：很多高赞回答会通过生动的案例、故事或详细的数据来说明观点，这有助于增强说服力，且易于理解。
7. 独特视角：高赞回答往往能提供独特的观点或见解，为读者提供新的思考方向。

总之，知乎平台上的高赞回答具有专业性、逻辑性、文笔优美和实用性等特点。这些特点使得高赞回答具有很强的吸引力，让读者愿意为其点赞和分享。

如果对这个风格有补充建议，可以再进行反馈，以此和 AI 达成创作共识。

问 你知道知乎平台上的高赞回答通常会使用哪几类文体吗？

答 知乎平台上的高赞回答通常会使用以下几类文体。

1. 讲故事型：这种文体的高赞回答往往通过讲述生动的故事或事例，引起读者兴趣，使回答生动有趣。这种文体的高赞回答通常具有很强的可读性和亲和力。
2. 解释型：这种文体的高赞回答往往通过解释、阐述、分析等方式，为读者提供深入的知识和独到的见解。这种文体的高赞回答通常具有很高的专业性和逻辑性，能够让读者更好地理解和掌握知识。

3. 亲身体验型：这种文体的高赞回答往往是基于回答者的亲身体验和经历，通过分享个人的感悟和体验，为读者提供独特的视角和思考。这种文体的高赞回答通常具有很强的吸引力，能产生情感共鸣。

4. 推荐型：这种文体的高赞回答往往是针对某一特定问题或需求，为读者提供解决方案或建议。这种文体的高赞回答通常具有很强的实用性和可操作性，能够为读者提供实用的帮助和指导。

总之，知乎平台上的高赞回答使用的文体多种多样，但都具有很高的价值和很强的吸引力，能够为读者提供知识、见解、体验或者建议。

问 知乎平台的高赞问答中有清单体，你知道吗？

答 当然知道。

在知乎平台的高赞问答中，清单体是一种非常常见的文体形式。清单体的特点是逐条罗列，条目之间通常用空格或换行隔开，以便读者阅读。清单体的优点在于简单明了，易于记忆，而且能够一目了然地展示出信息的重点和核心内容。

在知乎上，清单体的应用范围很广，例如对图书、电影、音乐、美食等进行推荐，或者总结某个问题的解决方案、步骤和方法等。很多清单体的回答凭借其简洁明了的表述和实用的内容，获得很多的点赞。

第三步，生成回答。 在达成共识后，可以让 AI 根据达成的创作风格共识来生成内容。

问 好，请你用知乎平台的文章风格，以及清单体的形式，撰写这个问题的回答。

问题：你最庆幸自己读过什么书？

答 问题：你最庆幸自己读过什么书？

作为一位喜爱读书的人，我曾读过许多好书，有些书总能在人生的不同阶段给我带来特别深刻的感悟和启示。下面，我列出 5 本最庆幸自己读过的书，希望对大家也有所启迪。

1.《红楼梦》——曹雪芹

这是一部充满智慧和深刻哲理的小说。曹雪芹用细腻的笔触和丰富的细节，描绘出一个家族的兴衰和一代人的命运。这本书教会我如何看待人生中的得失，学会了珍惜眼前的美好。

（扫描二维码，发送关键词"46016"，查看 AI 生成的完整信息）

第四步，反馈迭代。可以告知 AI 自己不满意的地方，让它进行调整，使文章看起来更加流畅。

问 这段文案中，每本书的介绍的最后一句"这本书教会我/启示了我/让我懂得了……"的表达显得太过刻意。请写得更自然一些，其他部分不用改动。

答 问题：你最庆幸自己读过什么书？

作为一位喜爱读书的人，我曾读过许多好书，有些书总能在人生的不同阶段给我带来特别深刻的感悟和启示。下面，我列出 5 本最庆幸自己读过的书，希望对大家也有所启迪。

1.《红楼梦》——曹雪芹

这是一部充满智慧和深刻哲理的小说，曹雪芹用细腻的笔触和丰富的细节，描绘出一个家族的兴衰和一代人的命运。教会了我如何看待人生中的得失，学会了珍惜眼前的美好。

…………

因为推荐的是图书，还可以再进一步优化。

问 可以给每本书的介绍中加入豆瓣评分的数据或者其他受欢迎的证明,来证明这些书很值得看吗?其他部分不用改动。

答 问题:你最庆幸自己读过什么书?

作为一位喜爱读书的人,我曾读过许多好书,有些书总能在人生的不同阶段给我带来特别深刻的感悟和启示。下面,我列出5本我最庆幸自己读过的书,希望对大家也有所启迪。

1.《红楼梦》——曹雪芹 豆瓣评分:9.5分。

这是一部充满智慧和深刻哲理的小说,曹雪芹用细腻的笔触和丰富的细节,描绘出一个家族的兴衰和一代人的命运。教会了我如何看待人生的得失,学会珍惜眼前的美好。

....

注意事项

1. 在借助 AI 撰写文案时,可以提前询问它是否了解这个新媒体平台。作为一位成熟的新媒体从业者,可以在 AI 生成的内容的基础上进行修改,从而得到更符合平台调性的文案。

2. 知乎的高赞回答与其他新媒体平台文案有所不同。知乎更多以用户主动提问为主,所以想写出一篇高赞回答的前提是需要选择一个"高赞的"问题,才更可能被用户看到。可以在知乎平台的人气问题板块筛选有潜力的问题。

3. 本节以书评为例,后期加入了豆瓣评分的内容,但由于 AI 的数据有一定滞后性,所以这些评分目前大多已经产生变化。如果在创作过程中涉及一些数据的内容,创作者在发布前务必进行更新。

> **拓展练习**
>
> **1.** 让 AI 用知乎平台的文章风格，以及×××（清单、故事、问答、推荐等）体的形式，撰写这个问题的高赞回答。问题是：××××。
>
> **2.** 知乎平台的文章的风格：用"谢邀"开头，回答中使用很多学术语言，引用很多名言。让 AI 用这种风格写一篇文章，推荐电影《××××》。

4.7_ 短视频口播文案

当下，越来越多的用户更喜欢浏览短视频而非图文内容，短视频已逐步成为吸引关注的主要方式。

短视频制作其实并不简单，包含脚本创作、拍摄、剪辑等多个环节，而脚本更是重中之重。以往创作一个短视频脚本可能就需要一天的时间，但是现在用 AI 可以非常轻松地写出引人入胜的开头、紧凑的情节和令人难忘的结尾，提升短视频的吸引力和传播力。

如何借助 AI 深度挖掘话题，找到切入点，引发观众共鸣，从而打造爆款短视频？现在就一起来看看吧。

目前比较火的短视频主要是两种类型，一种是知识类的短视频，另一种是剧情类的短视频。先来看看知识类短视频的口播文案的创作流程。

第一步，提供案例，让 AI 学习。短视频口播文案通常篇幅较短，所以 AI 通过学习的方式，能够快速生成符合要求的内容。

> **问** 你是一位资深的短视频编导，我现在想让你帮我创作一个短视频口播文案，在这之前，我会给你一个口播文案，请你学习并总结这个口播文案的特点。以下【】中是我提供的口播文案。
>
> 【好孩子都不是"吼"大的，更不是"吓"大的！

多跟孩子说这五句话，你越夸，他越优秀。

我干了十多年家庭教育，用这五句话帮助了很多学生。

建议先点个红心收藏起来，想看时容易找到。

第一句，"今天作业写得认真，这些字没有一个写出格的。"这是在夸孩子的态度。态度很重要，态度决定行动。

第二句，"你整理的书桌比我整理得还要好。"这是在夸孩子的习惯。好习惯从小培养，从小事上培养。让孩子养成做事有条理的习惯，受益一生。

第三句，"做得太好了！这件事儿这么难，你都没放弃，其实我知道很多同学没坚持下来，所以妈妈觉得你特别棒！"这是在夸孩子有毅力。做事有毅力，孩子以后无论面对多大的挑战，都不会轻易放弃。

第四句，"你一直在努力，现在进步了，妈妈为你感到特别开心！"这是在夸孩子努力，让孩子明白只有努力才有结果。

第五句，"哎呀，你说得太好了！继续往下说。"这是在给孩子信心。自信的孩子更加敢于表达自己，也更加勇于探索未知事务。

各位家长记住了吗？】

答 从这个口播文案中，我们可以总结出以下几个共同点。

1. **强烈的开场吸引力**：通过提出一个引人关注的问题或观点，立刻吸引听众的注意力，如"好孩子都不是'吼'大的"。

2. **结构清晰**：将主要内容分成几个明确的点，如这个脚本中的五句夸孩子的话，让听众更容易理解。

3. **实用性和教育性**：提供具有实际价值的建议和信息，使听众能够在日常生活中应用这些知识。

4. **情感共鸣**：用真诚、亲切的语言表达，让听众产生情感共鸣。如使用"妈妈"这个词，让家长产生共鸣。

5. **引导互动**：鼓励听众参与互动，如"建议先点个红心收藏起来"，提高视频的互动性和传播力。

6. **语言简洁明了**：用简单易懂的词汇和表达，让听众更容易理解和记住。

7. **结尾重申主题**：在结尾部分再次强调主题，让听众对整个内容有更深刻的印象。

将这些共同点运用到您的短视频脚本创作中,有助于提高视频的吸引力、传播力和实用性。

第二步,总结分析。 可以为 AI 提供多个案例,让它进行分析。此处省略第二个文案的分析。

问 请你总结一下上面两个文案的共同特点。

答 结合以上两个文案,我们可以总结出以下共同特点。

(具体内容,略)

第三步,提供主题,让 AI 生成文案。

问 请你按照以上爆款短视频口播脚本的共同点,围绕主题"如何让自己停止内耗",创作一个短视频口播文案。

答 你知道吗?真正的拥有力量,不在于能战胜外界,而在于能停止内心的自我消耗。今天,我教你三招,让你轻松摆脱内耗,活出更强大的自己。

在这个快节奏的时代,我们常常被焦虑、犹豫和自我怀疑困住,就像在无形的旋涡中挣扎。但别担心,作为长期关注心理健康的导师,我用这些方法帮助了很多人重新拥有内心的平静与力量。

首先,点个红心收藏起来,免得你需要时找不到。

第一招:接纳自己,拥抱不完美。告诉自己:"我虽不完美,但我独一无二。"停止对自己的苛责和挑剔,接纳自己的每一个部分,包括那些你认为不够好的地方。记住,成长是一个过程,而非结果。

第二招:设定目标,专注当下。很多时候,内耗源于对未来的不确定和对过去的懊悔。试着制定一些切实可行的短期目标,然后全心全意地投入到实现这些目标的过程中。当你全神贯注于此刻的行动时,那些无谓的担忧自然会减少。

第三招:培养正念,学会放下。正念是一种将注意力集中于当前,不带评判地观察自己的思想和感受的能力。每天花几分钟时间进行冥想或深呼吸,让自己从纷乱的思绪中抽离,渐渐学会放下那些有负面影响的情绪和想法。

各位朋友,记住,学习停止内耗是一场接受自己的旅程。不要急于求成,要给自己足够的耐心和温柔。当你真正学会与自己和解,你会发现,外面的世界宽广又明亮。

最后,别忘了,改变从当下开始。现在就行动起来吧,让自己不再内耗,每一天都充满活力吧!

第四步,反馈迭代。

问 这种方法有点虚,可操作性不够强,可以再具体一些,而不只是讲道理。

答 你知道吗?内耗就像一场无声的战斗,在我们心中悄然进行,消耗我们的能量和动力。但别担心,今天我介绍三个超实用的方法,能让你一步步走出内耗的泥潭,重新掌控生活。

首先,别忘了点个小红心,收藏起来慢慢实践哦!

第一招:日常感恩日记。每天早上或晚上,抽出五分钟时间,写下三件让你觉得可以感恩的事物。它们可以是温暖的阳光、朋友的一个微笑,也可以是自己今天的一个小成就。这样做能帮助你转移注意力,从消极情绪中抽离出来。拥有一颗感恩的心,能让内心充满正能量。

第二招:设定"行动小时"。每天选择一个小时,作为你的"无内耗行动小时"。在这段时间里,关闭所有可能分散你注意力的设备,比如手机、电脑等,然后专注于一个具体的任务或一种爱好。无论是学习新技能、锻炼身体,还是阅读一本书,都要全情投入,不允许自己陷入任何形式的内耗。坚持一段时间后,你会发现自己的做事效率和专注力都有显著提升。

(更多内容,略)

4.8 剧情类短视频脚本

学习完短视频口播文案的创作，我们再来看看如何用 AI 创作偏剧情类的短视频脚本。

第一步，设定角色，询问要求。短视频脚本创作的空间很大，如果不给 AI 提供具体的需求，AI 生成的脚本可能无法使用。所以尽量在撰写前先给 AI 赋予短视频创作者的身份，并询问它需要提供的信息。

> **问** 你现在是 YouTube 平台著名的短视频博主，现在需要你帮我创作短视频脚本。我需要提供哪些信息，才能让你创作出更有吸引力的短视频脚本呢？

> **答** 要创建一个有吸引力的短视频脚本，您需要提供以下信息。
>
> *1.* 视频主题：您希望视频涉及哪些主题或领域，可以是教育、娱乐、科技、时尚等任何领域。
>
> *2.* 目标受众：您的视频主要面向哪类观众，了解您的目标受众有助于我创建更符合他们兴趣和需求的内容。
>
> *3.* 视频时长：您希望短视频的时长是多少，一般来说，短视频时长控制在 15 秒至 3 分钟之间最佳。
>
> *4.* 类型和风格：您希望视频是哪种类型，采用什么风格，例如，知识讲解、实验演示、幽默搞笑、严肃认真等。
>
> *5.* 关键点和信息：请列出您希望在视频中涵盖的关键点和信息。这有助于确保我生成的脚本中包含您认为最重要的内容。
>
> *6.* 品牌和产品信息：如果您希望在视频中推广品牌或产品，请提供相关信息，如产品特点、优势、使用场景等。
>
> *7.* 视频元素：如果您有特定的视频元素（如动画、字幕、音乐、视觉效果等）要求，请告知我，以便于我进行规划。
>
> *8.* 互动和参与：请告诉我您是否希望在视频中增加互动元素，例如问答、挑战、投票等，以增加观众参与度。

9. 其他特殊要求：如果您有其他特殊要求或需要注意的事项，请一并告知我。

提供这些信息后，我将能够为您创作更有吸引力的短视频脚本。

第二步，给出信息。根据 AI 提出的要求补充信息，如果遇到一些还不明确的部分，可以不提供。

> **问** 以下是我提供的一些信息，希望能帮助你创作更吸引人的短视频脚本。
> 1. 视频主题：关于亲子教育，如何避免孩子成为讨好型人格。
> 2. 目标受众：目标人群是 6~15 岁年龄段孩子的父母，让他们意识到孩子养成讨好型人格的危害，以及如何鉴别和避免。
> 3. 视频时长：1 分钟。
> 4. 视频风格：情景剧和知识讲解相结合的形式。

> **答** 根据您提供的信息，我为您创作了一个关于亲子教育的短视频脚本。以下是脚本内容。
>
> 开场画面：镜头展示父母与孩子的日常互动。
>
> 旁白（00:00-00:05）：许多孩子会不自觉地养成讨好型人格。作为家长，我们如何帮助孩子避免这种人格特质呢？
>
> 情景一（00:06-00:15）：孩子在家中完成了一项任务，期待得到父母的表扬。父母过度表扬，孩子感到非常开心。
>
> 旁白（00:16-00:20）：过度表扬会让孩子过分依赖他人的认可，从而养成讨好型人格。
>
> 情景二（00:21-00:30）：孩子在学校遇到挫折，但为了取悦老师和同学，他不敢表现出自己的情感，强颜欢笑。
>
> 旁白（00:31-00:35）：鼓励孩子表达自己的情感，让孩子知道他的感受很重要，有助于避免孩子成为讨好型人格。
>
> 情景三（00:36-00:45）：孩子在家中犯了错误，父母耐心地指导，而不是指责。孩子学会了面对错误，并从中吸取教训。
>
> 旁白（00:46-00:50）：给予孩子充分的信任，让他们知道错误是成长的一部分，

可以帮助他们建立自尊心。

结尾（00:51—01:00）：父母和孩子一起度过愉快的时光，彼此分享心情和经历。镜头拉远，展现和谐的家庭氛围。

旁白（01:01—01:05）：通过耐心引导、信任支持和关爱陪伴，我们可以帮助孩子建立健康的人格特质，避免成为讨好型人格。

这个脚本结合了情景剧和知识讲解的形式，旨在引起目标观众的共鸣，并提供有效的解决方案。希望这个脚本对您有所帮助！

第三步，细化情景。 为了方便演员演绎，可以细化其中的情景，如补充具体的画面和台词。

问 请把情景三进行细化，如演员的动作、神态和对话。

答 情景三细化如下。

镜头一（00:36—00:40）：孩子在客厅里不小心打翻了一杯果汁，果汁洒在了地毯上。孩子紧张地看着父亲，担心会受到责备。

父亲（镜头对准父亲，微笑着）：没关系，我们都会犯错误。来，我们一起把它擦干净吧。

镜头二（00:41—00:45）：父亲拿来抹布，和孩子一起轻轻地擦拭地毯上的果汁。孩子开始放松，明白自己犯错误也能得到理解和支持。

孩子（露出微笑）：谢谢你，爸爸。我下次会小心的。

在这个细化的情景中，父亲以宽容和理解的态度面对孩子的错误，引导孩子学会从错误中吸取教训，而不是害怕犯错。通过这种互动，孩子可以逐渐培养自尊心和自信心，避免成为讨好型人格。

第四步，反馈迭代。 为了便于演员、摄影、剪辑都能更好地理解脚本的需求，这时我们可以要求AI将这个脚本转化为表格的形式呈现。

问 很好，请用表格的形式展示情景三这部分的脚本内容。

答

镜头	角色	动作/场景描述	对话内容
镜头一	孩子	在客厅里不小心打翻了一杯果汁，果汁洒在了地毯上	无
	父亲	注意到孩子的紧张和担心	无
镜头二	父亲	镜头对准父亲，微笑着	没关系，我们都会犯错误。来，我们一起把它擦干净吧
镜头三	孩子	放松，开始擦拭地毯上的果汁。	无
	父亲	和孩子一起轻轻地擦拭地毯上的果汁	无
镜头四	孩子	露出微笑，表达感激	谢谢你，爸爸。我下次会小心的

这个表格展示了情景三中的角色、动作/场景描述以及对话内容。通过这种形式，可以更清晰地了解每个镜头的具体情况和角色之间的互动。

注意事项

1. 剧情类的短视频脚本创作范围较广，如果提供给AI的信息元素较少，AI所创作的脚本可能存在很多的不合理性。所以如果想创作这类短视频的脚本，建议按照AI的要求来提供信息。
2. 因为AI缺乏一些素材库，像短视频脚本里涉及的音乐部分，就不适合用AI来完成，因为大多数歌曲可能是素材库中不存在的。
3. 短视频脚本有很多种呈现形式，为了不局限AI的创作，一开始可以不必要求它一定要用表格形式呈现，可以等待脚本内容符合预期后，再优化格式。

> **拓展练习**
>
> **1.** 让 AI 用电影《×××》的台词风格的旁白，描述一个女生在下雨天等车的场景。
> **2.** 让 AI 作为一部文艺片的编导，生成一个好久不见的情侣在公园里回忆校园生活的故事，场景必须是公园里，情侣年龄在 20 岁到 30 岁。

4.9_ 豆瓣书评

如今书评已成为图书推广与传播的关键环节。快速写出一篇好的书评，也成了很多自媒体博主的必备能力。写出好的书评需要深入了解图书内容，同时具备独特的见解和一定的文字表达能力。现在借助 AI 我们可以高效地完成书评创作，快速挖掘图书价值。

根据要撰写文章形式的不同，可以赋予 AI 不同的角色。然后将图书信息提供给 AI，以确保 AI 生成的书评更符合要求。

问 你现在是 ××× 报著名的评论记者，我提供给你一本书的信息，请你对这本书做出专业的评价。

书名：《纳瓦尔宝典》

作者：Eric Jorgenson

内容简介：致富不仅仅靠运气，幸福也不是从天而降的。积累财富和幸福生活都是我们可以且需要学习的技能……

答 《纳瓦尔宝典》是一本非常有启发性和实用价值的图书。作者 Eric Jorgenson 在书中对硅谷知名投资人纳瓦尔的智慧箴言录进行了精心整理和总结，尤其是关于财富积累和幸福人生的原则和方法。

这本书主要分为两个部分，一部分是介绍纳瓦尔的投资经验和财富积累原则，另一部分则是介绍纳瓦尔的幸福哲学和生活态度。在这两个部分中，作者通过详细的案例和精辟的分析，向读者阐述了如何通过专长和杠杆实现财富积累，以及如何通过正确的生活态度和价值观获得幸福。

书中的智慧箴言不仅具有理论意义，而且非常实用。例如，作者提出了"找到杠杆""分清主次""保持耐心"等实用的财富积累和人生哲学原则，这些原则可以帮助读者更好地理解和掌握人生和财富的规律，更好地实现自己的目标和愿望。

总的来说，《纳瓦尔宝典》是一本值得一读的好书，它不仅告诉读者如何积累财富，还能够启发读者对人生的思考和理解。无论是投资者、创业者还是一般读者，都能从这本书中获得实用的启示和帮助。

你还可以这样问

可以让 AI 使用第一人称来修改书评。

问 你现在是×××报著名的评论记者，我提供给你一本书的信息，请你对这本书做出专业的评价。要求必须用第一人称，描述你的阅读体验和收获。

这本书的信息：

书名：《纳瓦尔宝典》

作者：Eric Jorgenson

内容简介：

致富不仅仅靠运气，幸福也不是从天而降的……

注意事项

1. 在撰写书评时，可以给 AI 设定一个相关性较高的身份角色（如著作家、××领域的学者），会提升它回答的质量。
2. 若 AI 给出的书评涉及作者评价或者事件时，请进行人工核查，以确保书评的专业性和准确性。

4.10 旅游攻略

如今，发布旅游攻略已成为旅行博主吸引关注的重要手段。撰写旅游攻略需要对旅游地点具备全面的了解和研究，要能够梳理旅游线路、景点介绍、美食推荐等信息，以及清晰流畅地表达建议和心得，准确地将信息传达给读者。

但是，很多创作者因为地域的限制，以及旅游时间的限制，无法做到让旅游规划的每一个细节都完美。而通过 AI 的协助，创作者能够深度挖掘旅游资源，找到独特的切入点，从而让旅游攻略更具吸引力，为读者提供有价值的参考和指导。

接下来，看看怎么借助 AI 撰写旅游攻略吧！

第一步，设定角色，询问要求。 想得到一篇完善且贴近实际的旅游攻略，就需要提供具体的信息，因此可以先询问 AI 撰写旅游攻略需要提供的信息。

> **问** 你是大同本地的导游，对大同十分熟悉，我现在要去大同旅游，大概待三天，想让你帮我出一篇详细的攻略，我需要给你提供哪些信息？

> **答**
> 1. **出行方式**：您是乘坐飞机、火车还是自驾前往大同？这将有助于我规划交通接驳和住宿位置。
> 2. **住宿偏好**：您是否对住宿有特定要求，比如希望住在古城内感受历史氛围，还是希望靠近市中心以便购物和餐饮？
> 3. **兴趣点**：您是否对历史文化、自然风光或现代娱乐有特别的偏好？比如是否对佛教文化、古建筑、自然风光或当地美食特别感兴趣？
> 4. **预算范围**：您的旅游预算多少？这将影响我为您推荐的住宿、餐饮和活动的选择。
> 5. **特殊需求**：如果您有身体条件上的特殊需求，或者需要安排儿童活动，也请提前告知，以便我为您做更周全的考虑。

第二步，给出信息。 获得具体要提供的信息维度后，可以将相关信息提供给

AI，不确定的可以暂时不提供，或者让 AI 给出建议。

问 好的，这是我的一些信息。

1. 出行方式：自驾。

2. 住宿偏好：靠近市中心以便购物和吃饭。

3. 兴趣点：古建筑和当地美食，尤其是国家级文物保护单位尽量去。

4. 预算范围：每人每天 500 元。

5. 特殊需求：有个 7 岁的孩子，喜欢美术，而且太累的行程恐怕坚持不下来。

答 根据您提供的信息，我为您定制了一份大同三日自驾游攻略，特别考虑了您和孩子的兴趣及需求。

第一天：古城初印象与美食探索。

上午： 自驾抵达大同后，先办理酒店入住，推荐选择位于市中心的酒店，如大同云冈美高大酒店或大同云冈建国宾馆，方便购物和就餐。

中午： 在酒店附近享用午餐，推荐尝试大同特色美食如刀削面、炸油糕和浑源凉粉，让孩子也尝尝地道的山西味道。

下午： 前往大同古城墙，可以选择租自行车或步行游览，让孩子在轻松的氛围中感受古城的韵味。途中可以参观纯阳宫，这是一座道教宫观，建筑风格独特，适合孩子对美术的兴趣。

傍晚： 在古城内漫步，参观法华寺或善化寺，这些古建筑都是国家级文物保护单位，让孩子在游玩中学习历史文化。

晚上： 在古城附近的餐馆享用晚餐，之后可以逛逛大同的夜市，体验当地的夜生活。

第二天：石窟艺术之旅与轻松时光。

上午： 早餐后，驱车前往云冈石窟，这是大同的标志性景点，也是世界文化遗产。建议提前预订门票并租用语音导览器，以便更好地了解石窟的历史和艺术价值。在游览过程中，可以让孩子观察石窟中的佛像和壁画，激发他对美术的兴趣。

中午： 在云冈石窟景区附近就餐，品尝当地特色菜肴。

下午: 考虑到孩子的体力和兴趣,下午可以选择一个相对轻松的行程。可以前往大同市博物馆,这里收藏了大量珍贵文物,通过互动展览和讲解,让孩子在轻松愉快的氛围中学习历史文化。

晚上: 在酒店附近享用晚餐并休息。

第三天:自然风光与亲子互动。

上午: 前往大同文瀛湖生态公园,这是一个集自然风光、休闲娱乐和科普教育于一体的综合性公园。可以租自行车环湖骑行,或者乘坐游船欣赏湖光山色。公园内还有儿童游乐区和科普馆,适合亲子互动。

中午: 在公园附近或返回市区就餐。

下午: 如果时间允许且孩子体力尚佳,可以前往华严寺进行简短游览。这座辽代古寺以其雄伟的建筑和精美的壁画著称,是了解大同历史文化的重要场所。但请注意控制游览时间,避免孩子过于疲劳。

傍晚: 结束愉快的旅程,返回酒店收拾行李准备返程。

预算提示

住宿: 每人每晚约 200 元(根据酒店档次和季节有所浮动)。

餐饮: 每人每餐约 50-100 元(视餐厅档次而定)。

门票及交通: 云冈石窟门票约 120 元/人(含景区内交通),大同古城墙、法华寺、善化寺等景点门票较为便宜或免费。自驾的油费及停车费需根据实际行驶距离和停车场收费标准计算。

其他费用: 购物、娱乐等费用根据个人需求而定。

请根据您的实际情况调整预算和行程安排。希望这份攻略能让您和孩子在大同度过一个愉快而充实的假期!

第三步,匹配平台,撰写优化。

> **问** 你是小红书的优质旅游博主,下面我发给你一份大同三日自驾游攻略。请你根据小红书平台的文章风格进行改写和呈现。注意要在我给你发的攻略基础上改写。
>
> 以下是一份大同三日自驾游攻略。

第一天：古城初印象与美食探索。

上午：自驾抵达大同后，先办理酒店入住，推荐选择位于市中心的酒店，如大同云冈美高大酒店或大同云冈建国宾馆，方便购物和就餐。

中午：在酒店附近享用午餐，推荐尝试大同特色美食如刀削面、炸油糕和浑源凉粉，让孩子也尝尝地道的山西味道。

下午：前往大同古城墙，可以选择租自行车或步行游览，让孩子在轻松的氛围中感受古城的韵味。途中可以参观纯阳宫，这是一座道教宫观，建筑风格独特，适合孩子对美术的兴趣。

…………

（这个攻略就是刚才 AI 生成的）

答 🚐 大同三日自驾游，解锁亲子欢乐时光 👨‍👩‍👧‍👦 ✨

Hey，旅行达人们，👋 大同三日自驾游攻略来啦！跟着我，一起探索这座古城的魅力，享受美食与亲子乐趣哦！👉

✿【第一天：古城漫步，味蕾盛宴】✿

一大早出发自驾抵达大同，直奔市中心的豪华酒店，比如云冈美高大酒店或云冈建国宾馆，购物美食两不误！🏨🍴

午餐时间，大同特色美食大放送！😋 刀削面滑溜入味，炸油糕外酥里嫩，浑源凉粉清凉解暑，记得让孩子也尝尝这地道的山西风味哦！

下午，古城墙走起！🚴 租辆自行车，或者悠闲地步行，让孩子在古城的怀抱中感受历史的呼吸。别忘了顺道逛逛纯阳宫，道教建筑的独特魅力，绝对能激发孩子的艺术灵感！🎨

傍晚，法华寺或善化寺等你来探秘，这些国家级文保单位，藏着太多故事等你去发现！🏛

…………

大同自驾游 ## 亲子旅行攻略 ## 古城美食探索

你还可以这样问

AI 生成旅游攻略后，可以对一些不满意的细节进行反馈，让 AI 进行优化迭代。

问 这段文案中缺乏自己旅游的亲身体验，缺乏真实感。请改写其中一天的行程，加入真实体验和推荐理由。

注意事项

1. 撰写新媒体平台上发布的旅游攻略时，可以分两步进行。先让 AI 给出旅游规划，并针对这个规划不合理的地方进行调整；等旅游攻略的主体内容完成，再改成符合新媒体平台的文风，能一定程度确保旅游攻略的可读性。
2. 旅游攻略涉及实地游玩，信息要尽量具体，因此建议先询问 AI 需要提供哪些信息。

拓展练习

1. 周末你要带女朋友去郑州人民公园看郁金香，让 AI 生成一份详细游玩攻略和郁金香拍摄技巧。
2. 让 AI 作为导游，根据你的位置以及你要去的地方的类型，为你推荐离你很近的同类型的地方。你发给 AI 的第一个建议是"我在上海，我只想参观近代建筑"。

4.11_ 朋友圈文案

在新媒体写作中，有一个不同于知乎、小红书、微博等公共平台的地方，就是微信朋友圈，这是属于创作者的私有圈子。现在越来越多的新媒体创作者，会把其他平台的用户导入微信，通过运营朋友圈来和用户建立信任，长期经营可能还会带来更多的收益。

下面来看看如何运用 AI 来撰写朋友圈文案吧！

第一步，询问建议。当你不知道什么样的朋友圈文案能够吸引人点赞，没有灵感的时候，不妨询问一下 AI。

> **问** 你知道怎么写出吸引人点赞的朋友圈文案吗？

> **答** 当然了，吸引人点赞的朋友圈文案需要包含几个关键要素：幽默、简洁、真实、富有情感以及具有话题性。下面是一些建议，可帮助你撰写出吸引人点赞的朋友圈文案。
>
> **1.** 使用幽默元素：幽默是一种很好的吸引人们注意力的方式，可让他们心情愉悦。在文案中加入一些幽默元素或者令人轻松的玩笑，可以让人们更愿意为你点赞。
>
> **2.** 保持简洁：尽量使用简短的句子和词语，避免长篇累牍。简洁的文案更容易吸引人们的注意力，也让人们更容易理解你想要表达的信息。
>
> **3.** 呈现真实的自己：在文案中展现你的真实情感和生活，让人们感受到你的真诚。不要刻意制造虚假的形象。
>
> **4.** 添加情感元素：在文案中加入一些情感元素，例如温馨、感慨、激情等，能够引起读者的共鸣。你可以描述一段美好的回忆表达对朋友的感激之情，或者分享一次特殊的经历。
>
> **5.** 关注热门话题：可以关注一些时下热门的话题，如节日、热门电影、新闻事件等，并将这些话题融入你的文案。这样可以让你的朋友圈文案更具话题性，增加点赞的可能性。
>
> 按照上述建议，你可以撰写出能吸引人点赞的朋友圈文案。但请注意，不要过

分追求点赞数量，真实地表达自己才是最重要的。

第二步，给出需求，撰写文案。

问 很好，根据你的这几个建议，请帮我写一篇吸引人点赞的朋友圈文案。
背景："五一"假期我去武汉玩了三天，回来后我想发一条朋友圈，请给我写一篇朋友圈文案，能够吸引我的朋友点赞。

答 "五一"假期，我在武汉度过了美好的三天！🎉😎 漫步在长江大桥上，感受江水奔涌；品尝了地道的热干面，辣中带着满足的味道；走进黄鹤楼，听风吟古诗。在这个假期里，我收获了满满的快乐与感动。感谢武汉的热情款待，期待下次再相见！

这条朋友圈文案简洁地表述了你在武汉度过的美好时光，同时添加了一些情感元素和武汉特色，更容易让你的朋友们产生共鸣，从而点赞。

第三步，反馈迭代。

问 这个文案太文艺了，请你再写得幽默一些。

答 "五一"假期，武汉之行，我的三天美食之旅！🤣 从热干面到鸭脖，辣得我舌头和胃都在跳舞！🎵🏯 探寻黄鹤楼的神秘，仿佛穿越到了古代诗人的世界，只可惜没有找到黄鹤🐦。三天的奔波，虽然有点累，但还是忍不住想说：武汉，下次再见！

这条朋友圈文案通过幽默的方式，描述了你在武汉的美食之旅和文化体验，同时保持了简洁和真实，应该能吸引你的朋友们点赞。

> **你还可以这样问**

一篇好的朋友圈文案通常是要配图的，在文案确定后，还可以让 AI 给你提供一些配图建议。

问 请你为这条朋友圈文案提供配图建议。

（文案，略）

答 为了更好地展示你在武汉的"五一"假期，你可以选择以下几种类型的照片来搭配你的朋友圈文案。

1. 美食照片：包括你品尝的地道武汉美食，如热干面、鸭脖等，可以让朋友们感受到武汉的美食文化。
2. 名胜古迹：黄鹤楼等著名景点的照片，可以展示你在武汉的文化体验。
3. 武汉风光：可以是武汉的特色建筑、风景等，如长江大桥、东湖绿道等，展示武汉的美丽风光。
4. 轻松幽默：记录的一些有趣的时刻，如你在武汉吃辣味美食时满脸通红，或者在黄鹤楼前假装寻找黄鹤，增加幽默感。

…………

> **注意事项**

1. 朋友圈文案的风格一般是口语化的。而 AI 通常在第一次撰写文案时，风格往往比较偏书面语，这时候可以提醒它使用"接地气、口语化"的风格来撰写，让它给出的文案更像人平时说话的口吻。
2. 如果你想要写一篇朋友圈"种草"文案，就要注意这样的文案一般不能写得营销味太浓，如果不加限制，AI 就会写成硬广，所以要发布指令时，记得要求它体现自己真实的使用感受，不要直接推荐产品。

拓展练习

1. 假设你想在朋友圈中推荐自己最近在用的一款×××眼霜，让 AI 写一篇"种草"这款眼霜的朋友圈文案，150 字左右，要求用第一人称，体现自己真实的使用感受，不直接推荐产品，侧面说明好用即可。语言可以活泼一些。

2. 让 AI 用以下框架，写一篇朋友圈种草文案，向你的朋友们推荐×××。

一、痛点问题

二、情感引导

三、解决方案

四、行动号召

五、强调意义

要求：用第一人称，体现自己真实的使用感受，不直接推荐产品，语言可以活泼一些，字数在 150 左右。

第 5 章

营销文案写作

5.1 产品推广文案

产品推广文案在商业营销中起着至关重要的作用,一篇优秀的推广文案可以激发消费者的购买欲望,提高产品的销售量。撰写出高质量的文案并非易事,创作者不仅需要深入了解产品特点,还需掌握各种文案写作技巧,增强文案的吸引力和说服力。

借助 AI,创作者可以更快速地挖掘产品优势,确定目标受众,从而撰写具有吸引力的产品推广文案。

第一步,确定目标受众。尽可能详细描述所要推广产品的特点,让 AI 分析目标受众的需求和喜好,以便撰写更具针对性的文案。

问 我需要写一篇手机推广文案,这款手机的特点:超薄设计、超清显示、处理器强大、拍照功能优秀和续航能力出色。请帮我分析一下这款手机的目标受众。

答 这款手机的目标受众主要是对科技产品有高要求的消费者,他们可能是学生,也可能是商务人士。他们追求高品质的使用体验,注重产品性能和设计美感,并愿意为拥有先进技术的设备支付一定的溢价。

第二步,确定文案风格。根据目标受众的特点,确定文案的风格。

问 请根据目标受众,帮我设定手机推广文案的风格。

答 这款手机的推广文案可以采用简洁、专业的风格,同时加入一些生动的形容词,以激发消费者的兴趣。文案可以强调产品的高性能、创新设计和出色的拍照功能,同时突出其美观的特点。

第三步,生成文案。

问 请你按照这个风格,为这款手机撰写一篇产品推广文案,突出其优势。

答 领先科技,尽享非凡体验!全新一代智能手机,独具创新设计,超薄机身搭配高清大屏幕,带给您不一样的视觉享受。搭载强大处理器,轻松应对各种任务,无论是商务办公还是游戏娱乐,都能满足您的需求。卓越的拍照功能让您随时随地捕捉美好瞬间,记录精彩生活。更有超长续航能力,让您告别充电烦恼。现在就升级您的智能手机,开启全新的非凡体验!

> **你还可以这样问**
>
> **问** 目前文案的场景感不够,应当如何优化文案以增强吸引力?
>
> **答** 为满足这一需求,我们可以在文案中添加一些生活化场景的描述,如一键式智能助手为您解决日常琐事,或高清显示屏带来沉浸式影音体验等。同时,可以强调产品在安全性、耐用性和售后服务方面的优势,提升消费者对产品的信任。这些调整将使文案更具吸引力,有助于提高消费者的购买意愿。

注意事项

1. 突出产品亮点,可以列出关键特点,然后让 AI 根据这些特点撰写文案。
2. 明确目标受众,可以提供描述他们的年龄、性别、兴趣等信息,以便 AI 更好地了解他们。
3. 指定文案风格,例如专业、活泼、幽默或其他特定风格。这将有助于 AI 生成符合创作者要求的文案。
4. 持续优化,可以根据消费者反馈或实际推广效果对文案进行调整和优化。

> **拓展练习**
>
> 秋叶公司推出的"AI 智能鼠标",它可以帮助用户提高写作效率,按用户要求量身定制文案,还可以在用户一筹莫展时启发用户的灵感。
> **1.** 让 AI 根据新媒体编辑关心的要点梳理秋叶公司"AI 智能鼠标"的卖点信息。
> **2.** 让 AI 提供 3 个关于秋叶公司"AI 智能鼠标"的常见问题及解答。
> **3.** 让 AI 为秋叶公司"AI 智能鼠标"设计风格不同的两种文案。

5.2 品牌宣传文案

品牌宣传文案对于提升品牌影响力和吸引目标受众具有至关重要的作用。通过生动有趣的宣传文案,企业可以更好地传达品牌价值观、产品特点和服务优势,从而获得更多关注和支持。

然而,撰写出色的品牌宣传文案并不容易。创作者需要深入了解品牌定位、目标受众及市场竞争环境,创作出具有创意和吸引力的文案。AI 可以协助创作者快速生成高质量的品牌宣传文案。

假设要为一个创新型产品品牌撰写宣传文案,可以这样问 AI。

第一步,研究品牌定位。通过研究品牌定位深入了解品牌特点,找到具有吸引力的素材。下文的叙述中用"×××"代替了具体品牌名称。

问 请帮我梳理一下"×××"这个创新型品牌的核心定位和特点。

答 ×××是一个致力于提供创新型产品的品牌,其核心定位为高品质、高科技和个性化。×××的特点包括采用最新科研成果,确保产品安全;注重消费者体验,提供量身定制的解决方案;关注市场动态,不断扩大产品线和服务范围。

第二步，了解目标受众。了解目标受众的需求和喜好，使宣传文案更具针对性。

问 请帮我分析归纳"×××"品牌目标受众的特点。

答 ×××的目标受众主要是追求健康和高品质生活的中高收入群体，他们对产品的安全性有较高要求，同时希望获得个性化的服务。此外，这类受众通常会关注行业动态和科技发展，对创新型产品具有较高的接受度。

第三步，分析竞争环境。了解并对标市场上的竞品，优化品牌宣传策略。

问 请概述"×××"品牌在市场中面临着怎样的竞争环境。

答 在市场中，×××面临着激烈的竞争，主要竞争对手包括其他大型的传统品牌和新兴的科技品牌。为了在竞争中脱颖而出，×××需要不断创新，凸显自身独特的价值理念和产品优势，同时加强与目标受众的沟通和互动。

第四步，策划创意文案。在明确品牌定位、目标受众，掌握了竞争环境的信息后，创作者可以利用AI为"×××"品牌撰写具有创意和吸引力的宣传文案。

问 请结合以上信息，为"×××"品牌撰写一篇具有号召力的宣传文案。

答 加入×××，体验科技与健康的完美融合！我们致力于为您提供高品质、高科技的产品及个性化的解决方案，让您享受量身定制的高品质生活。我们依托最新科研成果和严格的品控，助您轻松迈向更美好的明天！

> **注意事项**
>
> **1.** 提供背景信息：在提问时，向 AI 提供充足的品牌背景信息和市场信息，有助于生成更贴合实际的文案。
>
> **2.** 提供更加具体的指令：在与 AI 互动时，尽量提供具体的要求，如文案风格、字数限制等，以便获得更符合预期的结果。
>
> **3.** 生成创意：可以利用 AI 生成各种有趣、独特的创意，然后结合经验和品牌调性进行筛选和修改。

> **拓展练习**
>
> **1.** 让 AI 根据【 】中提供的产品介绍，为秋叶公司推出的"AI 智能鼠标"设计一句简洁且有力的宣传语。
>
> 【秋叶公司推出的"AI 智能鼠标"，它可以帮助用户提高写作效率，按用户要求量身定制文案，还可以在用户一筹莫展时启发用户的灵感。】
>
> **2.** 让 AI 为 ×× 生态旅游品牌撰写一篇吸引年轻人的宣传文案。

*5.3*_ 活动宣传文案

企业要从众多竞争对手中脱颖而出，吸引消费者的关注，提高销量，可能会选择开展多种多样的营销活动。这时，一篇引人入胜、富有创意的活动宣传文案，不仅可以提升企业形象，还能激发消费者的参与和购买欲望，从而实现销量的快速增长。

不同类型的企业、活动和目标受众，都会影响宣传文案的风格和内容。因此，寻求一种高效的方法来撰写活动宣传文案变得至关重要。

这一节将讲解如何利用 AI 为营销活动撰写吸引人的宣传文案，从而提高活动的人气和产品销量。

第一步,设定角色,提供信息。 首先让 AI 扮演"营销策划专家"或"擅长活动宣传的策划总监"等角色,然后向 AI 提供营销活动的详细信息,包括活动类型、目标受众、活动优惠等。

> **问** 我需要一个擅长活动宣传的策划总监来帮我策划一场营销活动。
> 我们将举办一场为期一周的时尚服饰促销活动,目标受众是年轻女性,活动期间所有商品 8 折销售。

> **答** 明白了,这是一场为期一周的针对年轻女性的时尚服饰促销活动,活动期间所有商品 8 折销售。接下来,您需要我为您完成哪些任务?

第二步,明确目的,生成文案。 明确活动的目的,如提高销量、提升品牌知名度等。

> **问** 请为这场时尚服饰促销活动撰写一篇活动宣传文案,目的是吸引年轻女性前来购买。

> **答** 尊敬的女士们,这是一场专为你们打造的时尚盛宴!为期一周的独家优惠,8 折商品任您买!探索我们的时尚新品,发掘属于您的独特魅力。赶快行动,错过可惜!只等您的光临!

第三步,优化文案。 查看 AI 的回答,评估其质量,如有需要,提供具体的反馈和要求来进行优化。

> **问** 这篇文案很有吸引力,但我希望能在开头加入一句关于限时优惠的信息。请优化。

答 我明白您的需求了,我已经在开头加入了限时优惠的信息,如下所示:

"限时独享!尊敬的女士们,这是一场专为你们打造的时尚盛宴!为期一周的独家优惠,8折商品任您买!探索我们的时尚新品,发掘属于您的独特魅力。赶快行动,错过可惜!只等您的光临!"

问 我还需要增加一段文字来增强活动的紧迫感:强调促销活动的限时性,促使目标受众立即行动。

答 "仅剩3天!错过这次促销活动,您将错过本季最令人期待的时尚单品。赶紧行动,让您的衣橱迎来新生!"

注意事项

1. **明确目标受众**:告知AI目标受众是谁,确保文案有很强的针对性,以提高活动的吸引力。
2. **比较和优化**:可以利用AI生成多个回答,分别进行优化,然后根据品牌调性和活动需求进行筛选和修改。

拓展练习

1. 让AI就时尚服饰促销活动的社交媒体广告文案提一些建议。
2. 若你希望突出时尚元素,让AI在文案中强调时尚新品和流行趋势,让目标受众感受到时尚热点。
3. 若你想强调活动优惠力度,让AI突出活动优惠,使目标受众产生购买冲动。

5.4 电商销售文案

面对繁多的电商平台和不同的消费者群体,如何撰写一篇既具有吸引力又能引导消费者下单的文案,是许多电商从业者会面临的挑战。

电商销售文案的创作要考虑多方面的因素,包括产品特点、消费者需求、市场趋势等。在这种情况下,运用 AI 能够帮助电商从业者高效地撰写出吸引力十足的销售文案,从而实现更好的营销效果。

第一步,分析需求和喜好。在撰写电商销售文案前,需要明确产品类型和目标受众,从而分析受众的需求和喜好。

问 我想写一篇智能手表的电商销售文案,目标受众是热爱科技的年轻人。请帮我分析他们的需求和喜好。

答 热爱科技的年轻人对智能手表的需求和喜好通常集中在以下几个方面:强大的性能、时尚的设计、实用的功能和良好的兼容性。

第二步,列举亮点和优势。让 AI 列举产品的亮点和优势,有助于确保文案贴合消费者需求,同时凸显产品的过人之处。

问 请根据上面分析的热爱科技的年轻人的需求和喜好,为我列举智能手表的产品亮点和优势。

答 智能手表的产品亮点和优势可以包括:高性能处理器、时尚外观、多功能集成及跨平台兼容性。

第三步,增强信任。利用心理学原理,例如从众心理、权威效应等,可以提高文案的说服力,从而增强消费者信任。

问 请根据刚刚给出的产品亮点和优势,为我写一篇智能手表的电商销售文案,文案中需要含有权威证明。这是该产品的获奖情况、达人评测……

答 这款智能手表,专为追求科技与时尚的年轻人打造。凭借高性能处理器、时尚外观、多功能集成和跨平台兼容性,它成为潮流与实用完美结合的产品。手表获得了业界权威媒体的一致好评,并荣获了多项技术创新奖项。知名科技博主小明表示:"这款智能手表轻巧、高效,给了我绝佳的使用体验,让我充满自信。"目前这款手表已经成为众多明星用户的选择。快来体验一下,让科技成为你生活中不可或缺的一部分!

第四步,动态调整。根据实际情况和消费者需求对文案做出相应的动态调整。

问 这篇文案不错,但我希望能精简一些,只突出性能。

答 这款智能手表,专为追求科技与时尚的年轻人打造。凭借高性能处理器、时尚外观、多功能集成和跨平台兼容性,它成为潮流与实用完美结合的产品。快来体验这款智能手表,让科技成为你生活中不可或缺的一部分!

> **注意事项**
>
> **1.** 告知 AI 产品的特性和目标受众,这样才能更好地梳理出产品的亮点和优势。
>
> **2.** 在撰写文案时,让 AI 尽量突出产品独有的亮点和优势,以便吸引消费者的注意。
>
> **3.** 根据实际情况和消费者的需求,让 AI 动态调整文案,优化细节。

> **拓展练习**
>
> *1.* 让 AI 写一篇运动相机的电商销售文案,突出其防水和抗摔的特点。
> *2.* 让 AI 写一篇婴儿车的电商销售文案,强调其安全性和舒适性。
> *3.* 让 AI 写一篇高级护肤品的电商销售文案,强调其抗衰老和滋养功效。
> *4.* 让 AI 写一篇健康零食的电商销售文案,突出其营养价值和美妙口感。

5.5 品牌故事

几乎所有的经典品牌都有自己的"故事"。品牌故事可以帮助企业与消费者建立情感联系,提高消费者对品牌的认知度和忠诚度。一个引人入胜的品牌故事可以使消费者更加信任品牌,从而促使他们成为品牌忠实的支持者。

然而,要撰写一个既具有吸引力又能触动人心的品牌故事并非易事,创作者需要在文字中融入品牌的特点和价值观,同时还要考虑消费者的需求和喜好。

通过 AI,创作者可以更快速地梳理品牌故事的核心元素,找到能使消费者产生共鸣的切入点。

那么,如何利用 AI 高效地构建一个引人入胜的品牌故事呢?

假设要为一个可再生水瓶品牌撰写品牌故事,思路如下。

第一步,传达品牌价值观,了解目标受众。明确要传达的品牌价值观,以便在故事中展示品牌的独特之处。向 AI 了解目标受众的需求和喜好,使品牌故事更具针对性。

> **问** ××品牌的价值观强调环保、可持续性和创新。××关注地球的未来,致力于开发环保材料和可再生资源,以减少对环境的影响。品牌还追求高品质,实用性和美观并重,并支持环保事业。关注环保和可持续发展的水瓶品牌的目标受众有哪些?

答 这类水瓶品牌的目标受众主要是环保意识较强的消费者,他们往往十分关注可持续的生活方式,也可能爱好户外运动。他们希望购买能减少环境负担的产品,并且重视产品的实用性和设计美感。

第二步,构建故事线。利用 AI 协助构建故事情节,确保品牌故事的流畅性和连贯性。

问 这是 ×× 品牌创始人的故事:(略)
请帮我构建一个关于环保水瓶品牌 ×× 的故事,有人物和具体事件。

答 故事从品牌创始人一次难忘的经历开始。在一次户外探险中,他看到大量废弃塑料瓶对自然环境造成了巨大的破坏。受此启发,他决心创立一个环保水瓶品牌,旨在减少塑料废弃物和推广可持续生活方式。通过不断研究和创新,品牌成功推出了一款由可再生材料制成的水瓶。故事最后展示品牌对环保事业的支持,以及消费者对品牌的热爱和支持。

第三步,设置情感触发点。在故事中设置情感触发点,以引发消费者的共鸣。

问 请为环保水瓶品牌的故事设置一个情感触发点。

答 故事中的情感触发点可以是创始人在探险过程中发现了被废弃塑料瓶严重污染了美丽的湖泊这一场景。这个场景能使消费者感受到环境保护的紧迫,进一步强化品牌价值观,使消费者产生情感共鸣。

第四步,反馈迭代。把自己的想法反馈给 AI,让其不断调整和优化故事内容,使之更具吸引力。

问 如何优化环保水瓶品牌故事以增强吸引力?

答 为了满足这一需求,可以在故事中添加品牌研发团队克服技术难题的细节,例如他们是如何发现可再生材料的,以及如何测试水瓶的耐用性和环保性能的。同时,可以加入一些消费者的真实经历,展示他们如何在日常生活中使用该品牌的水瓶,从而体现产品的实用性。这些优化将使故事更具吸引力,有助于使消费者与产品和品牌建立更深厚的情感联系。

注意事项

1. 挖掘品牌独特性:在让 AI 生成品牌故事前,可以强调品牌的独特性和价值观,使生成的故事区别于众多竞争对手。

2. 结合真实案例:给 AI 提供真实的案例能大大提升品牌故事的感染力,消费者更容易产生共鸣。

3. 紧扣消费者需求:通过 AI 了解消费者的需求和关注点,从消费者的角度出发,满足消费者的真实需求。

拓展练习

1. 让 AI 为 ×× 品牌故事提供一个引人入胜的开篇。

2. 让 AI 在 ×× 品牌故事中添加一个与客户互动的环节。

3. 让 AI 为 ×× 品牌撰写一个履行社会责任的案例。

4. 让 AI 为 ×× 品牌撰写一个关于产品创新的案例。

5.6 企业宣传册

企业宣传册作为企业宣传和推广的重要载体，对塑造企业形象、展示企业文化和定位具有重要作用。如何借助 AI 提高宣传册的制作效率和质量呢？

借助 AI，创作者可以快速生成符合企业特点的文案，全面展示企业文化和定位，从而让目标受众更好地了解企业的价值观和经营理念。

第一步，设定宣传目标。 在开始制作宣传册之前，需要明确宣传册的作用，例如提升品牌知名度、展示企业产品与服务、展现企业文化等。

问 ××企业主要从事环保科技产品开发，请帮我设定该企业宣传册的作用。

答 这个宣传册的作用可以设定为展示企业在环保科技产品开发领域的专业能力和成果，传达企业致力于环保创新的核心价值观，以提升品牌知名度和吸引潜在客户。

第二步，确定内容结构。 在 AI 的帮助下规划企业宣传册的内容结构。

问 请规划一下这家环保科技企业宣传册的内容结构。

答
1. 封面：企业 Logo、企业名称、宣传口号。
2. 企业简介：企业发展历程、企业文化、企业愿景。
3. 产品与服务：产品特点、服务优势、案例展示。
4. 团队介绍：团队成员、专业技能、成功经验。
5. 合作：合作企业、合作项目、成功案例。
6. 联系方式：地址、电话、邮箱、社交媒体账号。

第三步，提供企业信息。 向 AI 提供所需的企业信息，包括目标受众、企业定位等，利用 AI 的智能写作能力，撰写各部分的内容。

问 这是×××公司的一些信息：

（具体信息，略）

请先帮我撰写一段环保科技企业的简介。

答 ×××创立于20××年，是一家专注于研发和生产环保科技产品的创新型企业。我们的使命是致力于环境保护，通过技术创新为全球客户提供高质量的绿色解决方案。×××秉承可持续发展、绿色环保的核心价值观，力求成为行业的领军企业。

第四步，反馈优化。 对生成的内容进行评估，看是否符合企业形象、品牌调性和目标受众的喜好。如有需要，可向AI提供反馈，进一步优化内容。

问 这段企业简介很好，但我希望能更加突出企业的创新精神和环保理念。

答 好的，我将重新撰写企业简介，更加突出企业的创新精神和环保理念。

（具体信息，略）

第五步，提供设计参考。 根据生成的内容，结合企业形象、品牌调性和目标受众的喜好进行设计，使宣传册更具吸引力。

问 请给我一些建议，如何对环保科技企业的宣传册进行设计和排版，以更好地体现企业形象和品牌调性。

答 在对宣传册进行设计和排版时，请考虑以下几点。

1. **色彩**：选择与企业形象和品牌调性相符的色彩，如绿色、蓝色等，营造环保、可持续的企业气质。
2. **图片**：选用高质量的图片，展示企业的环保产品、技术，以及生产设备等，充分体现企业的创新与环保理念。

3. **排版**：采用简洁明了的排版风格，避免过多的文字和图片堆砌，有利于消费者快速了解宣传册的核心内容。
4. **字体**：选用易于阅读且符合企业形象的字体，字号和行距适中，方便阅读。
5. **信息层次**：合理设置信息层次，将重要内容置于显眼位置，引导消费者关注。

> **注意事项**
>
> 1. **提供详细的信息**：向 AI 提供尽可能详细的企业信息和宣传册制作目标，以便让 AI 更好地生成内容。同时，也可提供品牌调性、目标受众等信息，让宣传册更贴合品牌形象。
> 2. **启发创意**：在制作宣传册时，可以向 AI 提问，寻求一些创意和灵感，例如，"如何从侧面展现企业的高端属性？"或"请给我一些设计宣传册的封面的建议。"
> 3. **结合现有策略**：在用 AI 制作宣传册时，结合企业当前的市场策略，保证宣传册的时效性。

> **拓展练习**
>
> 1. 让 AI 提供 5 个 ×× 品牌宣传册的设计元素。
> 2. 询问 AI 如何在宣传册中展示 ×× 品牌的企业文化和社会责任。
> 3. 让 AI 就 ×× 品牌宣传册的内容板块提 3 条建议。

5.7_ 产品手册

一本优秀的产品手册不仅能够向客户全面展示产品的特点和优势,还可以提高客户满意度,从而促进企业的发展。然而,编写一本既详尽又易懂的产品手册往往需要企业投入大量时间和人力资源。

本节将介绍如何利用 AI 编写产品手册,帮助企业快速生成高质量的产品说明和操作指南。

第一步,设定角色。 如果之前没有接触过产品手册的编写工作,可以用角色扮演的方式让 AI 成为产品总监。

> **问** 你是一位经验丰富的产品总监,请帮助我制作一本产品手册。

> **答** 当然可以,我很高兴能为您提供帮助。请提供您要介绍的产品的详细信息和您希望实现的目标,我将为您制作一本内容全面且吸引人的产品手册。

第二步,提供产品信息和编写目标。 将产品信息及产品手册需要达到的效果告知 AI。

> **问** 我们的产品是一个名为 ××× 的智能家居系统,具有远程控制、语音控制、场景识别等功能。我希望通过这本手册让客户更好地了解我们的产品和服务,提高客户满意度。下面我将提供给你详细的 ××× 智能家居系统功能介绍。
>
> (具体信息,略)

> **答** 好的,我已经了解关于 ××× 智能家居系统的相关信息。我将为您制作一本旨在让客户更好地了解产品和服务,提高客户满意度的产品手册。

第三步，生成大纲。

问 请根据以上信息生成×××智能家居系统产品手册的大纲，表述尽量简洁明了。

答 产品手册的大纲如下。
1. 产品概述：介绍×××智能家居系统的总体概念和核心功能。
2. 系统组件：详细介绍系统的各个组件和设备，以及它们的功能和特点。
3. 安装与设置：提供详细的安装与设置指南，包括硬件安装、软件配置等。
4. 操作指南：解释如何使用系统的各个功能，例如远程控制、语音控制等。
5. 常见问题与解答：列出客户可能遇到的常见问题，并提供解决方案。
6. 客户支持与联系信息：提供客户支持渠道和联系方式，方便客户在遇到问题时寻求帮助。

第四步，生成产品手册。

问 请根据你刚才生成的大纲，帮我编写完整的产品手册。

答 （略）

第五步，迭代更新。 可以询问 AI 优化意见，方便后续升级迭代。

问 后续还需要对产品手册进行更新，请问这本产品手册的哪些方面还可以优化？

答 你可以在产品手册中突出产品的亮点和优势。
1. 产品概述：在介绍×××智能家居系统的总体概念和核心功能时，强调其语音控制和场景识别功能的创新，以及节能环保的设计理念。
2. 系统组件：在详细介绍系统的各个组件和设备时，重点强调它们的独特功能和优势，例如设备的兼容性、高性能和可靠性。

3. **安装与设置**：在提供详细的安装与设置指南时，强调对用户友好的设计，让用户能够轻松快速地完成安装与配置。
4. **操作指南**：在解释如何使用系统的各个功能时，突出简便易用的操作界面和高度智能的人工智能语音助手。
5. **常见问题与解答**：在列出客户可能遇到的常见问题并提供解决方案时，强调我们对客户问题的高度关注和及时响应。
6. **客户支持与联系信息**：在提供客户支持渠道和联系方式时，强调我们的专业团队会为客户提供优质的售后服务。

注意事项

1. **了解产品特点**：在使用 AI 制作产品手册时，务必提供详细的产品信息、特点和优势，以便更好地输出内容。
2. **产品手册的内容应简洁明了**：产品手册应便于理解和操作，尽量使用简洁明了的语言，并提供必要的图示说明。
3. **反馈与迭代**：询问 AI 对产品手册后续优化的建议，便于未来迭代升级，满足不同时期客户的需求。

拓展练习

1. 让 AI 提供 5 个 ×× 产品的卖点。
2. 让 AI 编写 ×× 产品的简易安装指南。
3. 让 AI 提供 3 个 ×× 产品使用过程中的常见问题及解答。

5.8 购物指南

在购物时,消费者常常犹豫不决、难以选择。如何帮助消费者轻松决策,提高消费者的购买意愿和满意度,是企业需要关注的重要问题。

购物指南通常包含大量的信息,如产品特性、价格、使用场景、优缺点等。同时,为了满足不同消费者的需求,购物指南的内容还需要具备一定的灵活性。

通过AI可以快速获取产品信息,比较不同产品的优劣,并结合实际需求为消费者提供合适的购买建议。

第一步,确定主题。根据产品类型和消费者需求,确定购物指南的主题,也就是关注哪一类产品,例如电子产品、家居用品、运动装备等。

问 请帮我制作一篇运动装备的购物指南。

第二步,了解消费者需求。了解消费者的需求和关注点,例如消费者对品质、价格、品牌、功能等的关注程度,以便在购物指南中有针对性地提供相关信息和建议。

问 请分析一下消费者在购买运动装备时最关注的因素是什么。

答 一般来说,消费者在购买运动装备时比较关注品质、舒适度、功能性及价格等方面。

第三步,分析产品优缺点。在购物指南中对不同产品进行比较和评价,能帮助消费者更全面地了解不同产品的优缺点和适用场景,从而更好地做出决策。

问 请为我介绍几款性价比较高的运动鞋和它们的优缺点。

答 我们推荐以下几款性价比较高的运动鞋:A品牌的XX系列、B品牌的YY系列、

C 品牌的 ZZ 系列……

第四步，生成购买建议。 根据消费者的需求和关注点，为消费者提供购买建议，例如推荐购买渠道、优惠活动，讲解注意事项等。

问 关于购买运动装备，你有什么建议？购买运动装备有哪些注意事项？

答 在购买运动装备时，需要选择合适的尺码，选择符合自己运动习惯和运动场景的产品，了解产品的品质和保养方法等。此外，可以选择在正规渠道购买，关注促销信息。

第五步，生成购物指南。

问 针对以上信息，请帮我生成一篇购物指南，以表格的形式呈现。

答

考虑因素	描述
舒适度	确保鞋子适应脚部的形状，尽量试穿以确保舒适
功能性	根据运动类型选择鞋子，例如跑步鞋或篮球鞋
耐用性	选择材质结实、耐磨的鞋子
品牌和设计	根据个人喜好选择特定品牌或设计
价格	根据预算选择合适的鞋子，考虑性价比

推荐鞋款	优点	缺点
XX 系列	较好的舒适度，优良的支撑性	价格较高，设计简单
YY 系列	良好的减震性能，适合长距离跑步	可能不适合特殊脚型
ZZ 系列	出色的抓地性能，设计简约时尚	价格较高

购买建议	描述
选择装备	根据运动需求选择装备，如户外长距离跑步
试穿	在购买前试穿，以找到最适合的尺寸和型号
退换货政策	了解商家的退换货政策
产品评价	阅读产品评价，了解其他消费者的反馈

> **注意事项**
>
> *1.* 引导消费者做出决策：购物指南不仅仅是提供产品信息，还要引导消费者做出决策。
> *2.* 结合市场趋势：在撰写购物指南时，让 AI 结合当前市场趋势和热门产品，为消费者提供更实用的信息。

> **拓展练习**
>
> *1.* 让 AI 列出 5 个经营户外运动装备的品牌和它们的主打产品。
> *2.* 让 AI 撰写一篇关于如何选择泳衣的购物指南。
> *3.* 让 AI 写一篇新手如何在网上购买高质量的手工艺品的文章。
> *4.* 让 AI 列出智能手表的 3 个核心卖点。

5.9 产品评测

发布产品评测也是一种有效的产品推荐方式。产品评测包含有用的参考信息，可以帮助消费者了解产品的真实性能和特点，进而做出合理的购买决策。

一篇优秀的产品评测能够客观地描述产品的优点和缺点，让消费者清晰地认识产品的价值。正确使用 AI，创作者可以快速地撰写出一篇合格产品评测。

第一步：提供信息。 提供产品的相关信息，包含主要功能和特点等，并告诉 AI 从哪些方面进行评测。

> **问** 请帮我写一篇产品评测，我会提供一些产品的相关信息：XYZ 是 ×× 公司推出的一款旗舰级智能手机，搭载高通骁龙 888 处理器……
> 请从以下几个方面评测这款产品：性能、屏幕、拍照、续航和充电。

答 （略）

第二步：提供使用体验。 为 AI 提供真实的产品使用体验。

问 这款手机运行流畅，不卡顿，可以应对各种大型游戏和多任务场景。屏幕清晰，色彩鲜艳，触控灵敏。电池续航能力强，正常使用一天不用担心没电，而且充电速度快。它也有一些缺点，比如：机身较厚重，单手握持不太舒适，放在裤兜里显得有些突兀。4 个后置摄像头凸起较高，容易被剐伤。

答 （略）

第三步：比较竞品。 将产品与市场上的竞争对手进行比较。

问 请指出产品的优势和劣势，以及与竞品相比的差异，重点突出产品的特点和优势。

答 与竞争对手相比，这款产品有很大的优势，它有以下几个差异化卖点。
它是目前唯一一款搭载高通骁龙 888 处理器的手机，性能领先于其他同价位的手机。
…………

第四步：生成评测。

问 根据以上信息，请生成一篇完整的产品评测。

答 **XYZ 手机使用评测：** 性能出众，屏幕出彩

XYZ是××公司推出的一款旗舰级智能手机,搭载高通骁龙888处理器、支持120Hz刷新频率的2K屏幕,拥有1亿像素的后置主摄像头和2000万像素的前置摄像头,还支持55W有线快充和50W无线快充。这款手机在发布后就受到了广泛的关注和好评,那么它的实际表现如何呢?我使用了一个月,现在和大家分享一下我的使用体验。

外观设计

XYZ的外观设计非常好看,机身较厚重,单手握持不太舒适,放在裤兜里显得有些突兀。不过这是为了容纳体积更大的电池和更好地散热而做出的妥协。机身采用了双曲面玻璃和素皮,手感很好,也很耐磨。后置摄像头凸起较高,容易被剐伤,而且影响平放稳定性。我选择了手机原厂出品的保护壳,可以很好地保护摄像头和机身,也不会影响手感。

性能表现

XYZ搭载骁龙888处理器,这是高通2020年发布的旗舰级产品,采用了5nm工艺,集成了X60 5G基带,性能更强大,功耗更低。XYZ还配备了8GB或者12GB的LPDDR5内存和128GB或者256GB的UFS3.1闪存,配置非常高。

拍照表现

XYZ的拍照表现也很出色。它后置四个摄像头,分别是1亿像素的主摄像头、1300万像素的超广角摄像头、500万像素的微距摄像头和200万像素的深度摄像头;前置一个2000万像素的自拍摄像头。这些摄像头都支持AI美颜、AI场景识别、AI超分辨率等功能,可以拍出细节丰富、色彩还原度高的照片。

总结

XYZ是一款非常优秀的旗舰级手机,无论是外观设计、屏幕表现、性能表现还是拍照表现都达到了非常高的水准,在同价位的手机中具有很强的竞争力。它也有一些不足之处,比如运行大型App时发热明显、功耗偏高等,但是这些问题并不影响它作为一款旗舰级手机的整体水准。如果你想要一款性能出众、功能强悍的手机,那么XYZ是一个不错的选择。

> **注意事项**

1. 了解产品的定位、功能、优缺点、竞争对手等基本信息,以便 AI 对产品进行全面的评价。
2. 选择合适的数据和数据分析方法,以便 AI 对产品的性能、效果、用户反馈等进行客观的量化和评估。
3. 适当提供自己的使用体验和感受,让 AI 生成的内容融入用户体验。

> **拓展练习**

1. 让 AI 分析 ×× 产品的定价策略及它的成功之处。
2. 让 AI 运用 SWOT 分析法对产品进行分析,分析 ×× 产品的优势、劣势,面临的机会和威胁。
3. 让 AI 从用户的角度评价 ×× 产品满足哪些需求和期望。
4. 让 AI 用小学生的口吻介绍 ×× 产品的界面设计、交互逻辑、操作流畅度,突出产品的用户体验。

第 6 章

高效学习

6.1 自动翻译

在企业与多国客户合作的过程中,准确和高效的翻译会极大地提升工作效率、减少沟通成本。

相比传统机器翻译,大家更期待翻译工具具备人性化交流、个性化表达、多语种同时翻译等功能,而这些都可以通过 AI 实现。

AI 能够理解上下文,生成比传统机器翻译更自然和准确的翻译;还可用于多种语言对话的场景,使不同语言之间的翻译更准确。

第一步,设定身份,进行测试。 先为 AI 赋予翻译助理的身份,让它明确自己的职责。然后测试 AI 是否真正理解自己的翻译助理身份。

问 你现在是我的英文翻译助理,我只需要你帮我将中文翻译成英文,不需要回答问题。请帮我翻译一下这段话。
客户您好,这是您需要的产品订单详情,请您查收。

答 Hello customer, this is the order details of the product you requested. Please check it.

问 今天中午下班后你想吃什么?

答 I'm sorry, as a language model, I do not have the ability to eat or have preferences. Is there anything else I can assist you with?

问 你是翻译助理,直接翻译我的文字就行,不需要回答问题。

答 好的,我明白。您的原话是"今天中午下班后你想吃什么?"对应的英文翻译:What would you like to eat after work at noon today?

问 今天的会议将从上午 8 点改到下午 2 点进行,请问你们有没有异议?

答 The meeting today will be rescheduled from 8 AM to 2 PM. Do you have any objections?

遇到问句时，AI 可能会只回答问题，却没有完成翻译。这时需要提醒它翻译助理的身份——无须回答问题，它就会做出正确的理解，继续进行翻译。

第二步，场景应用。

问 你是我的翻译助理，请帮我把下面这句话翻译成英文，要求使用书面语，表达对对方的尊重：王先生您好，您需要的产品采购清单已经发送到您的邮箱，请注意查收。

答 好的，以下是对这句话的书面化翻译。

Hello Mr. Wang, the procurement list of the products you need has been sent to your email. Please check it carefully.

问 帮我直接将以上内容写成 3 封邮件，要求格式准确，翻译精准，表达对对方的尊重。

答 好的，以下是 3 封邮件的内容，均表达出了对对方的尊重，同时注意了邮件格式的准确性和翻译的精准性。

Subject: Procurement List for Mr. Wang

Dear Mr. Wang,

I hope this email finds you well…

Thank you for your attention.

Best regards,

[Your Name]

第三步，反馈优化。 如果对 AI 翻译的内容不满意，可以提出具体修改建议，例如不够口语化、不够优美等。AI 会重新生成符合需求的文字。

问 Subject: Procurement List for Mr. Wang

Dear Mr. Wang,

I hope this email finds you well. We are pleased to inform you that the procurement list of the products you need has been sent to your email.

Please check your inbox carefully and feel free to contact us if you have any questions or concerns. We are always at your service.

Thank you for your attention.

Best regards,

[Your Name]

请帮我再优化调整这封邮件，要求用词更加严谨，表达出对合作的期待和对客户的尊重。请总结你进行了哪些优化，让我清楚看到对比。

答 Subject: Procurement List for Mr. Wang

Dear Mr. Wang,

I hope this email finds you in good health. We are pleased to inform you that the procurement list of the products you requested has been sent to your email.

Please carefully review your inbox, and feel free to contact us if you have any questions or concerns. We are always at your service.

Thank you for your attention and support.

Best regards,

[Your Name]

Optimized parts:

Changed "I hope this email finds you well" to "I hope this email finds you in good health" to express care and respect for the customer.

Changed "Please check" to "Please carefully review" to emphasize attention to customer's needs and attention to detail.

Added "and support" to show respect for the customer and anticipation of cooperation.

问 优化部分及优化原因，请用中文表述。

答 优化部分：

将"I hope this email finds you well"修改为"I hope this email finds you in good health"，表达了对客户的关心和尊重。

将"Please check"修改为"Please carefully review"，强调对客户需求和细节的关注。

添加了"and support"，以表达对客户支持的感谢和对合作的期待。

注意事项

1. 翻译前要为 AI 赋予具体身份，比如英文翻译助理、韩文翻译助理等，指令要求越具体、明确，AI 的回应越迅速、准确。
2. AI 的翻译功能可以满足日常翻译需求，但是翻译结果还是会出现不妥当或者错误的情况，尤其是专业领域的学术类文本翻译，所以最后一定要检查，不要过度依赖 AI。

拓展练习

1. 发送给 AI 一段内容，让 AI 找出文字中的语法、用词、拼写错误，把错误的地方标记出来，指出怎样改正，并把正确的内容完整地展示出来。
2. 将一篇英文文章及对应的中文译文发给 AI，让 AI 给出专业的指导和建议，指出哪些语句需要优化，并重新生成润色之后的完整文章。

6.2_ 制订学习计划

AI 可以根据我们的学习目标和实际情况,量身定制学习计划。具体来说,我们需要告知 AI 自己的学习目标、当前的知识水平及预计学习时长等,AI 会综合分析这些因素,生成一份符合需求的详细的学习计划。AI 会根据学习目标和时长,将学习内容安排细化到月、周、日。

如果想知道哪些学习资料比较好,也可以询问 AI。AI 会从多角度对问题进行探索分析,生成详细的推荐,包括图书、在线课程、官方文档、社区资源等。

整体来看,AI 生成的学习计划是比较可行的,推荐的学习资料的口碑也是相当不错的。

我们可以根据需求向 AI 询问关于制订学习计划的一切。

问 假设你是一名教 Python 编程的老师,我现在熟练掌握用 Excel 分析数据的方法,想学习用 Python 来分析数据,计划花 30 天完成学习。请帮我制订一份学习计划。

答 学习使用 Python 进行数据分析是一个既实用又充满挑战的过程,特别是当你已经熟练掌握 Excel 数据分析的情况下。以下是一个为期 30 天的学习计划,旨在帮助你高效地从 Excel 过渡到 Python 数据分析。

第 1–3 天: Python 基础
目标:掌握 Python 编程的基本语法和概念。

第 1 天:

安装 Python(推荐 Anaconda,因为它集成了很多科学计算和数据分析的包)

学习 Python 基本语法:变量、数据类型、条件语句、循环

练习使用 Jupyter Notebook 或 PyCharm 等 IDE

第 2 天:

学习函数定义与调用

掌握列表(List)、元组(Tuple)、字典(Dictionary)等数据结构

了解模块和包的概念,学习如何安装和使用第三方库

第 3 天：

文件操作：读写文本文件和 CSV 文件

复习前面学习的内容，尝试编写简单的脚本来解决问题

第 4-7 天：NumPy 与 Pandas 基础

目标：掌握数据处理的核心库 NumPy 和 Pandas。

第 4 天：

安装并学习 NumPy 库

理解 NumPy 数组及其基本操作（索引、切片、广播等）

学习 NumPy 的基本函数（如数学运算、统计函数等）

第 5 天：

深入学习 Pandas 库

掌握 DataFrame 和 Series 的创建、索引、选择和过滤

学习数据清洗的基本方法（缺失值处理、数据类型转换等）

第 6 天：

数据合并与连接

数据分析基础：分组（groupby）、聚合（aggregate）、转换（transform）

使用 Pandas 进行数据排序和排名

第 7 天：

复习 NumPy 和 Pandas 的高级功能

尝试使用 Pandas 处理一个实际的数据集

……………

第 27-30 天：

深入学习一个或多个进阶主题（如时间序列分析、深度学习、自然语言处理等）

参与线上编程挑战或社区活动

复习整个学习过程中的重点与难点，巩固知识

这个计划是灵活的，你可以根据自己的学习进度和兴趣进行调整。重要的是保持持续的学习热情和实践，不断挑战自己。祝你学习顺利！

如果对学习计划中的某一个部分不太满意，或没能理解某个部分，可以进一

步就这部分向 AI 提问,如询问学习难点、注意事项,还可以问关于这部分的在线视频,AI 会给出具体的视频名称及发布者等信息。

拓展练习

1. 小明想学习欧式面包的制作,但小明从没做过西式餐点。让 AI 列出一份具体的学习计划,最好告诉小明需要准备哪些工具。

2. 小李想学习用木吉他伴奏,将来可以在部门年会上给人唱歌伴奏,可是他从来没接触过乐器。让 AI 给出学习计划,并推荐几款具有性价比的入门吉他。

6.3 查询知识

AI 具备广泛的知识覆盖面,几乎可以回答各种主题或领域的问题,如科学、历史、文化、技术等,回答的内容也具有一定的准确性。

同时,AI 能够理解和解释复杂的问题,对于绝大部分问题,AI 都能以易懂的方式回答,并且生成流畅、连贯的文本,而且 AI 可以在短时间内生成回答。

基于此,我们可以借助 AI 快速学习各种知识。

我们可以向 AI 提出关于特定学科领域的问题,并获取相关解释、定义、示例和背景知识,从而轻松地理解和学习各种学科和主题知识。

问(科学)

- 量子力学的基本原理是什么?
- 什么是基因编辑技术,它对人类有哪些影响?

(历史)

- 古埃及文明的特点和成就有哪些?
- 文艺复兴是什么,这一时期对欧洲产生了什么影响?

（文学）
- 近期哪位作家获得了诺贝尔文学奖？
- 现实主义文学的特点和代表作品是什么？

（艺术）
- 印象派绘画风格的特点是什么？代表画家有谁？
- 谁是文艺复兴时期著名的雕塑家？

（经济）
- 哪些因素影响着经济增长？
- 谁是现代经济学中的重要思想家？

> **注意事项**
>
> 1. 虽然 AI 具有丰富的知识库，但对于法律、医疗等领域的问题，AI 只能提供参考意见，无法提供准确的回答，并不能代替专业人员。
> 2. 当遇到较为复杂的问题时，建议使用简洁、清晰和明确的语言，以便 AI 更容易理解问题，并提供更准确的答案。

6.4 学习语言

我们在学习一门外语或需要翻译文本时，可以向 AI 提出有关语法、词汇、翻译等方面的问答式问题。AI 会为我们提供语言学习资源、学习方法和翻译服务。

我们可以这样提问：

问
- 主谓宾结构在英文中的用法是怎么规定的？有哪些例子？
- 英文中的时态有哪些，其用法分别是什么？
- "How are you?"在中文里是什么意思？
- 如何提高英文口语的流利程度？
- 如何克服语言学习中的困难和挫折？

6.5_ 信息核查

在信息核查方面,AI 不仅能够核查外部信息,甚至可以核查它自身输出的信息。

例如,要求 AI 分析一篇小说的背景信息是否符合 18 世纪 30 年代的史实,并让其给出修改建议。

问 我正在写一篇故事背景设定在 18 世纪 30 年代的法国小说,主人公的朋友是一位刚刚发明了蒸汽机的科学家。这种背景设定合理吗?

答 你的设定可能与史实有些出入。蒸汽机的发明早于 18 世纪 30 年代,且主要的发明工作并非在法国完成。蒸汽机最早在 17 世纪末发明,并在 18 世纪初由英国的托马斯·纽科门进行了重要的改进。此外,18 世纪 30 年代法国的社会政治环境以启蒙运动为主,如果你希望在这个背景下设定故事,可能需要考虑拟定一个与这个时代的社会和科学发展更紧密相连的主题。

问 针对以上史实,应该如何修改和优化呢?

答 针对以上史实,你可以考虑以下修改和优化建议。

1. 调整发明:将小说中主人公的发明调整为与 18 世纪 30 年代法国的科技发展更紧密相连的发明,例如,你可以让主人公研究气体、化学反应或者光学原理等与启蒙运动相关的科学领域。
2. 调整时代背景:保留主人公发明蒸汽机的设定,但将小说的背景调整至 18 世纪初的英国,这与托马斯·纽科门改进蒸汽机的时间相符。
3. 强调国际合作:可以设定主人公在 18 世纪 30 年代的法国与其他国家的科学家(例如英国的托马斯·纽科门)合作,共同改进蒸汽机,从而体现当时欧洲各国科学家间的交流与合作。
4. 添加启蒙运动元素:在小说中强调与启蒙运动相关的事件和人物,使故事更贴近 18 世纪 30 年代法国的社会政治环境,例如,主人公可能与伏尔泰、卢梭等启蒙思想家有交流，或者受到他们思想的影响。

这些修改和优化建议可以使你的小说背景更贴近历史实际，同时保持故事的吸引力。

> **注意事项**
>
> 1. 提问前要明确问题的范畴，确保 AI 能够生成与问题范畴一致的内容。
> 2. 问题中包含的信息越详细越好，以便 AI 能更准确地分析问题。
> 3. 根据 AI 回答的质量，适时调整提问策略，例如提供更多上下文信息或重新表述问题。

6.6 精华提炼

日常工作中，我们往往需要处理大量资料，并提取关键信息，然后进行总结、归纳和应用。但是，如果时间紧、任务重，那么如何才能快速完成这项复杂的工作呢？

AI 可以快速分析和处理文本，准确提炼精华，并且进行整理和总结，是提升工作效率、减轻工作负担的得力助手。

第一步，提取信息。想让 AI 提炼重点，要先给它提供文本素材，比如一本书或一篇文章等。

问 你知道有一本书叫作《高效能人士的七个习惯》吗？

答 我知道《高效能人士的七个习惯》这本书。这本书由史蒂芬·柯维（Stephen Covey）所写，该书介绍了 7 个习惯，包括积极主动、以终为始、要事第一、双赢思维、知彼解己、统合综效和不断更新。

问 请介绍书中所讲的 7 个习惯，每一个习惯的篇幅不超过 50 字。

答 1. 积极主动：主动掌控自己的生活，不断寻找改进机会，以及努力解决问题。
2. 以终为始：确定自己的最终目标和原则，并以此为基础，积极工作，达成目标。
3. 要事第一：分清轻重缓急，优先处理最重要的事情。
4. 双赢思维：力求在合作中实现双赢，而非采用零和游戏的竞争策略。
5. 知彼解己：理解他人的观点和情感，反省自己的盲点和偏见。
6. 统合综效：协调不同观点之间的矛盾，找出另一个办法，实现更好的效果。
7. 不断更新：不断学习、成长和改进，以提升自己的能力和水平，保持领先优势。

第二步，深度延展。 提取某一文本的重点信息后，如果想深度了解某一内容，可以让 AI 展开介绍。

问 书中介绍了哪些培养双赢思维的方法？

答 《高效能人士的七个习惯》中介绍了以下方法，可以帮助人们培养双赢思维。
1. 积极倾听：通过积极倾听对方的意见和观点，了解对方的需求和利益，找到双赢的解决方案。
2. 充分沟通：让对方了解自己的需求和利益，同时也要认真倾听对方的需求和利益。
3. 寻求共同点：寻求双方的共同点，并以此为基础进行合作和协商，而不是纠结于不同之处。
4. 以诚相待：建立起相互信任和支持的关系，以诚相待。
5. 互相尊重：尊重对方的权利和尊严，避免对方感到受到威胁或被忽视，从而建立更好的关系。

第三步，实操运用。 提炼出有用的信息后，如果想将其应用到自己的工作中，可以让 AI 提供指导。

问 我是一名新媒体编辑，想锻炼双赢思维，应该怎么做？帮我做一份实操性强、能立马上手的规划。

答 作为一名新媒体编辑,您可以通过以下步骤来锻炼双赢思维。

一、设定双赢目标
- 明确您的工作目标,同时考虑受众或客户想要达成的目标。
- 确定双方都能从合作中获得哪些具体的利益。

二、积极倾听与研究
- 在与撰稿人、设计师或客户沟通时,专注于他们的意见和需求。
- 研究您的受众,了解他们的兴趣和偏好,这是构建有效内容的关键。

三、充分沟通您的视角
- 分享您的想法和观点,说明为什么认为某个选题或内容方向有价值。
- 讨论如何调整内容策略来满足双方的需求。

四、寻找共同点和协商
- 探讨双方都同意的内容质量标准、发布时间表和资源分配方案。
- 当意见不同时,寻找折中方案,求同存异。

五、建立信任和尊重
- 通过一贯的高质量工作和遵守承诺来建立信任。
- 尊重合作伙伴的意见,并表现出对他们贡献的价值的认识。

六、制定双赢策略
- 结合以上步骤,制订一个内容计划,既符合编辑部的目标,也吸引受众。
- 提出创新的内容形式或互动方式,增加受众参与度。

七、实施和反馈
- 实施您的计划,但保持灵活性,根据反馈进行调整。
- 定期检查合作进展,确保双方仍然在实现双赢的结果。

八、持续改进
- 根据反馈和结果,不断优化您的内容策略。
- 与团队和客户进行定期的复盘,分享成功经验和需要改进的地方。

通过这些实操性强的步骤,您可以作为新媒体编辑在日常工作中实践双赢思维,从而建立更成功的合作关系,提升内容质量,增加受众满意度,最终实现职业成长。

> **你还可以这样问**

很多场景下都可以用 AI 来提炼关键信息,比如职场文件、学术文献、教学课件等。

问 请提炼这篇长文中的精华信息,总结归纳,字数限制在 300 以内。要求以小标题的形式罗列要点,语言精练,重点突出。

对于频繁跳槽的人来说,做好职业规划尤为重要,有助于他们在职业生涯中稳步发展。

1. 了解自己的职业兴趣和价值观是职业规划的基础。明确自己对工作和职业的喜好和追求,可以帮助你选择更加合适的职业路径。

2. 设定明确的职业目标是职业规划的关键。制订具体的短期目标和长期的职业目标,并为实现这些目标制订详细的计划,可以帮助你在职业生涯中保持动力和正确的方向。

3. 在实施职业规划时,提升职业技能至关重要。通过参加培训、自学等方式,不断积累和更新自己的职业技能,提高自己在职场中的竞争力,增加职业发展的机会。

4. 建立稳定的职场人际关系网络也是职业规划的重要内容。建立和维护一个稳定的职场人际关系网络,包括与同行建立联系,可能会给你带来更多的机会、资源和发展支持,有助于你在职场中更好地发展。

5. 在选择新工作时需要谨慎考虑。除了薪资和福利外,还要综合考虑公司文化、公司前景、职业发展空间等因素,确保新工作对你的职业发展有利。

6. 调整职业跳槽频率也是进行职业规划要考虑的因素。过于频繁地跳槽可能会给雇主留下负面印象,因此需要合理控制跳槽的频率,避免给自己的职业发展造成负面影响。

答 这段话主要讲了职业规划对频繁跳槽者十分重要,频繁跳槽者应如何进行职业规划。

自我了解:明确职业兴趣和价值观,选择合适的职业路径。

设定目标:设定明确的短期目标和长期的职业目标,并制订计划和时间表。

提升技能:不断提升职业技能,提高竞争力。

建立网络:建立稳定的职场人际关系网络,获得机会和支持。

谨慎选择:谨慎选择新工作,考虑薪资、福利、公司文化等因素。

控制跳槽频率:合理控制跳槽频率,避免产生负面影响。

> **拓展练习**
>
> **1.** 让 AI 把一篇文章的内容梳理一遍，按照主题、重点内容、亮点特色、实操方法分别进行归纳总结，要求所有人看过之后马上能明白这篇文章写了什么。
>
> **2.** 假设你已经阅读完《高效能人士的七个习惯》，让 AI 选一个合适的读书笔记模板，生成一篇具体详细的读书笔记，要求不仅要提炼本书的内容，还要写出"自己"的思考。

6.7 文献阅读

在阅读文献的过程中，最大的挑战是文献篇幅太长、信息太密集，理解起来很费劲。如果可以从上万字的长文中迅速总结出重点，让人快速理解文献内容，那么将大大节省时间和精力。

要在一分钟内深度理解万字长文，可以借助 AI 实现，它可以阅读文献、理解文献，还能总结出关键信息。

第一步，确定文献。 直接将文献的关键信息、原文链接提供给 AI，确认 AI 能成功识别到该文献。

问　【标题】The Feeling Economy: Managing in the Next Generation of Artificial Intelligence (AI)
　　【作者】Ming-Hui Huang, Roland Rust, Vojislav Maksimovic
　　【期刊】California Management Review
　　【时间】July 21, 2019
　　【DOI】10.1177/0008125619863436
　　这篇论文你能找到吗？

答 是的,我可以找到这篇论文。以下是该论文的链接:
https://×××××.com/doi/abs/10.1177/0008125619863436

第二步,归纳总结。AI 识别成功后,直接让它总结文献的主要内容。

问 请总结一下这篇论文的重点内容。

答 好的,以下是该论文的重点内容,以小标题的形式总结如下。
引言:介绍情感经济的概念和重要性
论文开头介绍了情感经济的概念……
情感经济的原则:情感、共情、信任和认同
该部分讨论了情感经济的 4 个原则:……
情感经济的应用:营销、品牌推广、客户关系管理和员工管理
该部分探讨了……
人工智能对情感经济的影响:机器情感和情感智能
该部分讨论了人工智能如何改变情感经济……
未来的研究方向
该部分探讨了情感经济未来的研究方向……
结论和建议
该部分总结了文章的主要内容,并提供了一些实用的建议……

问 内容还是太长,请帮我归纳总结。

答 以下是对这篇论文主要内容的概括。
这篇论文提出了"情感经济"(Feeling Economy)的概念,强调……
情感经济是指企业通过和消费者之间的情感互动和交流来实现商业成功。文章通过探讨情感经济的概念和原则,提供了……
文章还讨论了情感经济对营销、品牌推广、客户关系管理和员工管理等方面的

影响……

总之，这篇论文探讨了在人工智能时代背景下情感经济的重要性和影响，提供了一些实用的建议和策略，以及未来的研究方向。

问 提炼这篇论文的关键词。

答 以下是该论文的关键词：
情感经济
人工智能
管理策略

第三步，拓展应用。归纳出文献的重点信息后，让 AI 指出这些重点信息中值得参考和实用的地方。

问 我要写一篇关于人工智能如何更好地满足客户情感需求的论文，请问这篇论文里的信息能给我提供哪些帮助？

答 以下是可能对你有帮助的一些信息。
作者认为，情感经济已经取代了服务经济……
作者指出，人工智能技术可以用于情感分析……
作者提供了一些使用人工智能来满足客户情感需求的具体策略……
作者还讨论了一些与利用人工智能满足客户情感需求相关的道德和法律问题……
以上信息可能有助于你在论文中论述如何利用人工智能来更好地满足客户的情感需求。同时，你还可以结合实际案例和最新研究成果，探讨如何将这些策略应用到不同的行业和场景中。

> **注意事项**
>
> AI 会出现识别文献不准确甚至错误的情况,所以,一定要先确认 AI 识别的文献是否准确。

拓展练习

1. 让 AI 分析两篇学术文献中所提到的 ××× 观点是不是同一个意思,如果不是,请指出差别是什么,并分别举两个具体案例。

2. 给 AI 发送 3 篇文献,这 3 篇文献内容是同一领域不同发展阶段的研究成果,让 AI 分别提炼 3 篇文献的观点,并按照时间顺序梳理出这一领域的发展进程。

6.8 论文写作

对职场人士来说,写论文的一大挑战是没有充裕的时间,所以为了赶进度,很多人只能在网上搜索相关材料,并将它们拼凑成论文。而东拼西凑的写作方式不仅使论文质量低下,更可能落得个学术不端的坏名声。

职场人士想要高效轻松地完成高质量的论文写作,可以使用 AI。它可以进行比较和分析,提供研究方向和灵感,查找所需资料,是非常实用的论文写作工具。

第一步,探索研究方向。 将论文作者的身份信息和论文的主题等告知 AI,它会拓展思维,提供可选择的研究方向。

问 我是新媒体从业人员,现在正在研究 AI 写作技术对新媒体行业的影响,要写一篇职场论文,请给我 3 个具有创新性、前瞻性的研究方向,让我参考。

答 **1.** 探索 AI 写作技术在新媒体行业中的潜在应用:分析新媒体行业的主要

领域……

2. 研究 AI 写作技术对新媒体行业就业市场的影响：……

3. 比较 AI 写作与人类写作：……

第二步，进行对比分析。 如果研究方向不明确，可以让 AI 进行多维度的对比分析，对比维度可以是国内外关注度、选题创新性或商业价值、论文发布数量、互联网讨论热度等。

问 请对比这 3 个研究方向，从创新性、商业价值、职场发展 3 个维度分析。

答 **1.** 探索 AI 写作技术在新媒体行业中的潜在应用。
创新性：……
商业价值：……
职场发展：……

2. 研究 AI 写作技术对新媒体行业就业市场的影响。
……

3. 比较 AI 写作与人类写作。
……

如果你更关注 AI 技术的发展和优势，可以选择比较 AI 写作与人类写作。
如果你更关注职场竞争力和个人技能提升，可以选择研究 AI 写作技术对新媒体行业就业市场的影响。
如果你更关注 AI 技术在新媒体行业中的商业应用和发展，可以选择探索 AI 写作技术在新媒体行业中的潜在应用。

问 统计这 3 个研究方向的论文发表数量。

答 **1.** AI 写作技术在新媒体行业中的应用：根据 CNKI、WOS 等数据库的检索结果，近年来研究 AI 写作技术在新媒体行业中的应用研究论文数量逐渐增多，但相对于研究 AI 写作技术发展的论文数量还比较少，且以中文论文为主。

2. AI 写作技术对新媒体行业就业市场的影响：目前这一方向的研究论文数量较少，但随着 AI 技术在各个领域应用的普及，这一方向的研究论文数量有望逐渐增多。

第三步，确认论文选题。 确认研究方向后，AI 可以直接生成多个论文选题。

问 我是新媒体从业人员，现在要写一篇以"AI 写作技术对从业者职业发展的影响"为研究方向的论文，请直接为我生成 5 个论文选题。

答 "AI 写作技术的兴起对新媒体从业者职业转型与发展的影响"
"AI 写作技术如何改变从业者的创作方式与流程"
"AI 写作技术在新媒体传播中的应用与发展趋势分析"
"AI 写作技术如何影响从业者的职业竞争力与发展前景"
"AI 写作技术的出现对从业者职业伦理与价值观的挑战"

第四步，生成论文大纲。 确定选题，然后让 AI 先尝试生成论文大纲，后续再根据具体论文需求进行调整。

问 现在要以《AI 写作技术的兴起：对新媒体从业者职业转型与发展的影响》为题写一篇论文，请帮我生成一份格式正确、具体详细的论文大纲。

答 一、研究背景与意义
1. 新媒体行业的发展与 AI 技术的兴起
2. AI 写作技术对新媒体从业者职业转型与发展的重要性
二、文献综述
1. AI 写作技术的定义和发展历程
2. AI 写作技术在新媒体行业中的应用
3. AI 写作技术对从业者职业发展影响的研究现状

三、AI 写作技术对从业者职业转型的影响

1. 从传统写作向 AI 写作的转变

2. AI 写作技术对从业者写作方式、流程、效率的影响

3. AI 写作技术对从业者职业素养与职业能力的要求更高

四、AI 写作技术给从业者职业发展带来的机遇与挑战

1. 机遇：拓宽了从业者的职业发展路径和机会

2. 挑战：AI 写作技术对从业者的职业价值观的挑战与思考

五、未来展望与思考

1. AI 写作技术在新媒体行业中的应用前景

2. 从业者如何应对 AI 写作技术的发展和变化，提高职业素养和竞争力

六、结论

1. 总结 AI 写作技术对从业者职业转型与发展的影响

2. 对新媒体从业者的职业发展提出建议

七、参考文献

注：此论文大纲仅供参考，实际写作中需要根据研究内容和个人情况做出相应调整。

第五步，辅助润色优化。 完成论文写作后，可以将想要润色的内容发给 AI，它能从语法、用词、结构、风格等方面进行优化。

> **问** AI 写作技术可以通过智能算法和自然语言处理技术，自动生成各类文本，例如新闻报道、产品说明、广告文案等。比起人工撰写，AI 写作技术具有更快速、更高效、更精准的特点，可以满足新媒体行业对内容更新快速的需求。
>
> AI 写作技术还可以根据数据分析结果，为新媒体行业的内容制订更加精准的策略。例如通过分析用户喜好和互动行为，AI 可以自动生成符合用户偏好的内容，从而提高内容的曝光率和传播效果。
>
> 然而，AI 写作技术并不能完全替代人类的创作能力。在新媒体行业中，人们更加看重内容的情感表达和人性化的思考，而这些方面是 AI 难以做到

的。因此,在新媒体行业中,AI写作技术应当与人类的创作能力相互结合,共同推动内容创作的发展。

请用 Nature 的风格帮我润色一下。

答 以下是 Nature 风格的润色版本。

AI写作技术利用智能算法和自然语言处理技术,自动生成各种文本,例如新闻报道、产品说明、广告文案等。比起人工撰写,AI写作技术具有更快速、更高效、更精准的优势,能够满足新媒体行业快速更新内容的需求。

此外,AI写作技术还可以根据数据分析结果,为新媒体行业的内容制订更加精准的策略。例如,通过分析用户偏好和互动行为,AI可以自动生成符合用户需求的内容,提高内容的曝光率和传播效果。

然而,AI写作技术并不能完全替代人类的创作能力。在新媒体行业中,情感表达和人性化思考是极为重要的,这些方面是AI难以做到的。因此,新媒体行业应将AI写作技术与人类的创作能力结合,让它们共同推动内容创作的发展。

注意事项

1. AI是非常友好且强大的论文写作辅助工具,但为了避免出现学术不端的情况,只能将它作为辅助手段,不要偷懒,不要让它直接写完整篇论文。
2. AI会编造不存在的文献资料,它的论文数据库与谷歌学术等平台差距也比较大,目前不推荐大家使用AI查找文献。如果一定要用,请注意甄别和交叉验证。

拓展练习

1. 假设你正在写一篇论文,主题是"×××"。你已经收集到上百条研究数据,让AI帮你分类归纳这些数据,围绕论文主题进行数据解析,并生成一篇300字的报告。
2. 让AI担任论文润色的角色,对你的论文内容进行润色。

6.9 论文查重

各种各样的 AI 工具大量出现后,很多学生选择用 AI 工具来写论文,对此老师很头疼。如何及时地确认学生提交的论文是否为原创,从而避免学生过度依赖 AI 进行学术论文写作呢?

一位老师找到了一个好的验证方法,对于学生交上来的论文,她会选择论文的一部分发送给 AI,并问 AI:"这是你写的吗?"根据 AI 的回答,结果老师真的发现有几篇论文的写作风格和主题跟 AI 创作的相符,她拿着证据一问学生,学生就承认了。

问 (论文的一部分,略)
这是你写的吗?

答 我是一个人工智能模型,我没有个人身份和记忆,但是,这段内容的风格和主题与我提供的信息相符。

AI 工具不仅可以用来对论文进行简单的查重,有的还可以对提交的内容标记相似之处,并提供关于论文原创程度的详细报告。

注意事项

1. 在提问时,提供与问题相关的上下文信息,可帮助 AI 更好地理解问题背景,有助于确保 AI 的回答与问题一致。
2. 如果问题较复杂,可以将其拆分成多个简单的问题,逐个提问。这样可以使信息更加一致、清晰。

6.10 实验报告

无论在学术领域还是职场中，写实验报告都是一项重要技能，它可以帮助人们记录、分析和解释各项实验和测试的结果，从而提高学术水平或工作能力。

想写出高质量的实验报告，最重要的是做好实验设计。AI 可以根据实验主题，从不同角度设计多个实验，还能快速分析实验数据，提升你的效率。

第一步，确定主题。将实验研究领域、探索方向、研究目的等具体信息告知 AI，它会辅助构思实验研究的方向，并且能够直接生成选题。

> **问** 我是人力资源管理领域的工作人员，现在要写一篇本领域的实验报告，能给我 5 个选题方向吗？

> **答** 人力资源管理领域的实验报告可以考虑以下选题。
> 1. 员工福利计划对员工满意度的影响。
> 2. 招聘广告对招聘效果的影响。
> 3. 职业发展计划对员工绩效的影响。
> 4. 工资与绩效的关系。
> 5. 领导风格对员工工作满意度和离职率的影响。

> **问** 选择第二个选题方向，给我 5 个相关的实验报告选题。

> **答**
> 1. 不同媒体渠道招聘广告效果的比较。
> 2. 招聘广告的内容对应聘者数量的影响。
> 3. 招聘广告的语言风格对应聘者的影响。
> 4. 招聘广告的图像对应聘者的影响。
> 5. 招聘广告的发布时间和频率对应聘者的影响。

第二步，生成框架。确认实验报告选题后，可以尝试先让 AI 写一个框架作为参考。

问 如果你是一名人力资源管理人员,现在要以"招聘广告的图像对应聘者的影响"为主题,写一篇详细的实验报告,你会如何设计大纲?

答 一、研究背景和目的

二、文献综述

三、研究设计

1. 研究问题和假设。

2. 研究方法。

3. 研究变量。

4. 研究程序。

设计实验任务和材料:制作不同图像的招聘广告。

招募受试者……

实验操作……

数据收集和分析……

四、结果和讨论

描述和分析实验结果……

讨论研究限制和不足……

五、结论和应用

六、参考文献

第三步,设计实验。根据实验的具体要求,AI 可以设计出不同的实验模型。

问 帮我设计一个实验,要求具体详细。

答 研究问题和假设:招聘广告的图像会影响求职者的看法和决策。

实验任务和材料:制作不同图像的招聘广告……

受试者:招聘广告的目标受众,即求职者……

实验操作:

将不同图像的广告随机分配给受试者组；

要求受试者在规定的时间内浏览广告，并完成相关调查；

可以通过问卷或访谈等方式记录受试者的反应和选择，例如对广告的喜好、信任度、关注度、想象、回应，以及对职位的认知、兴趣和投递意愿等方面的指标。

数据收集和分析：收集受试者的反应和选择的数据，进行统计分析和结果解释。数据分析可以使用 SPSS 等软件进行……

问 再帮我设计一个不同角度的实验，供我参考。

答 研究问题和假设：不同图像的招聘广告对不同性别和年龄的求职者的影响是否存在差异。

实验任务和材料：制作不同图像的招聘广告。对于图形，可以选择具有男性、女性或中性特点的人物形象，以及不同年龄段人士常用的产品或熟悉的生活场景等；对于颜色，可以选择与不同性别和年龄段的求职者相匹配的主色调、明暗搭配等。

受试者：不同性别和年龄段的求职者……

实验操作：

将不同图像的广告随机分配给不同性别和年龄段的受试者组；

要求受试者在给定的时间内浏览广告，并完成相关调查；

可以通过问卷或访谈等方式记录受试者的反应和选择……

第四步，修改润色。实验报告完成后，可以将 AI 作为纠错和润色的工具，对报告文本进行优化。

问 下面这段话有点啰唆，请精简一下，风格要求严谨规范。

招聘广告是企业向外界展示形象和招聘需求的重要工具，也是吸引和筛选求职者的关键途径之一。然而，在招聘广告的图像对求职者影响的领域，却鲜有深入的研究。因此，本研究旨在探究招聘广告的图像对求职者的影响，以期为企业提供更有效的招聘广告设计策略。具体而言，本研究将从色彩心理学和广告美学角度出发，探究不同图像的招聘广告对不同性别和年龄段的求职者的影响是否存在差异。研究结果将有助于揭示招聘广告设计的重要影响因素，提高招聘广告的效果和招聘效率，从而优化企业的人才招聘工作。

答 本研究旨在探究招聘广告的图像对求职者的影响。研究从色彩心理学和广告美学角度出发，分析不同图像的招聘广告对不同性别和年龄段的求职者的影响是否存在差异。本研究的目的在于提高招聘广告的效果和招聘效率，为企业的人才招聘工作提供科学依据。

> **注意事项**
>
> 1. 不同行业、领域的实验设计差异很大，所以一定要让 AI 明确你的身份、你所在的行业、报告的用途。
> 2. AI 提供的实验设计要根据实际情况进行调整、测试，确保其具备可操作性。

> **拓展练习**
>
> 1. 小李要写一篇主题为"×××"的实验报告，实验目的是×××××，让 AI 评价小李的实验报告大纲，指出哪些部分需要改进，原因是什么，具体应该怎么改。
> 2. 让 AI 对 3 篇实验报告进行深入对比，指出每个实验的优缺点，并推荐一个它觉得最符合实验报告主题的实验。

6.11 调研报告

为了深入了解行业发展趋势、市场前景及竞品表现,企业时常会进行调研,并且将结果形成调研报告传播、学习。一篇优秀的调研报告应该信息准确、有重点、结构清晰、分析透彻、语言简洁、可读性强、实用性强,适合不同读者阅读,可以为业务决策提供有效支撑。

要写一篇让人看得懂、用得上、有收获的调研报告,可以使用 AI,它能够快速整理大量数据,并进行分析,生成相关结论,还可以根据需求调整语言风格和表达方式,提高报告的可读性。

第一步,确定调研目标。 告知 AI 调研报告的主题和相关信息,让 AI 生成具体的调研目标。

> **问** 我是一名新媒体编辑,想写一篇关于当下 AI 写作技术对新媒体行业影响的调研报告,我可以从哪些方面入手呢?

> **答** 可以考虑以下 3 个调研目标。
> 1. 了解 AI 写作技术在新媒体行业中的应用情况……
> 2. 探究 AI 写作技术对新媒体内容质量的影响……
> 3. 分析 AI 写作技术对新媒体编辑工作流程的影响……

第二步,创建调研大纲。 确认调研目标后,让 AI 创建调研大纲。

> **问** 以第三点为调研目标,生成一份完整详细的调研报告大纲。

> **答** 一、研究背景
> 　　介绍 AI 写作技术在新媒体行业的应用现状……
> 　　二、调研方法
> 　　介绍这次调研所采用的调研方法,如在线调查、访谈……

三、调研结果
描述 AI 写作技术对新媒体编辑工作流程的影响……

四、案例分析
选取新媒体机构中使用 AI 写作技术的案例,分析其编辑工作流程的变化和效果……

五、结论和建议
总结 AI 写作技术对新媒体编辑工作流程的影响……

六、参考文献
罗列文中引用的学术文献、新闻报道等信息……

七、附录
收集和整理调研过程中的访谈记录和原始数据,方便后续查阅和分析……

第三步,规划调研方案。 让 AI 针对调研方法、案例分析等板块进行更加具体的规划和指导。

问 调研方法具体应该怎么设计,请用 150 字说明。

答 调研方法包括在线调查、访谈、实地观察等。在线调查指通过网络平台,向新媒体编辑等目标受众发送调查问卷,收集数据并进行统计分析。访谈指直接与编辑进行面对面的交流,了解他们 AI 写作技术的使用情况和对此的看法。实地观察指通过实地走访新媒体机构,直接观察编辑们的工作流程和使用 AI 写作技术的情况。

问 我不知道要用哪些案例进行分析,告诉我应该如何挑选案例?

答 以下是对选择案例的建议。

1. **成功案例**:寻找已经成功应用 AI 写作技术的公司或组织,并分析它们如何改变了工作流程和流程效率……
2. **挑战案例**:选择尝试但未能成功应用 AI 写作技术的案例,并分析失败的原因……

3. 行业案例：选择特定行业的案例，并分析 AI 写作技术如何影响了该行业编辑的工作流程……

4. 地域案例：选择不同地区的案例，并分析 AI 写作技术如何影响了不同地区编辑的工作流程……

问 我邀请了 300 位新媒体编辑进行问卷调查，请制作一张表格形式的调查问卷。

答

问题	选项
1. 您的职业	
2. 您的工作年限	
3. 您的年龄	
4. 您所在的新媒体机构	
5. 您是否知道 AI 写作技术	是 / 否
6. 您是否已经使用过 AI 写作技术来完成编辑工作	是 / 否
7. 如果使用过，您使用的是哪种 AI 写作技术	文本自动生成 / 语音转文字 / 其他_____
8. 您如何评价 AI 写作技术对新媒体编辑工作流程的影响	对工作流程影响极大 / 对工作流程影响一般 / 对工作流程影响很小 / 没有影响
9. 在使用 AI 写作技术时，您遇到过哪些问题	技术不够成熟 / 生成结果不够准确 / 无法满足特定需求 / 其他_____
10. 如果您没有使用过 AI 写作技术，您是否会考虑使用	是 / 否
11. 您认为 AI 写作技术对新媒体行业的未来有何影响	
12. 在您的编辑工作中，哪些环节可以使用 AI 写作技术来提高效率	稿件生成 / 稿件编辑 / 稿件校对 / 稿件发布
13. 使用 AI 写作技术对您的编辑工作流程有何改变	
14. 您认为 AI 写作技术对编辑工作流程的改变是积极的还是消极的	积极 / 消极
15. 您认为新媒体编辑需要通过何种方式来适应 AI 写作技术的发展	

第四步，优化报告。调研报告初稿完成后，可以用 AI 进行优化。

问 优化以下文字。

AI 写作技术为创作者带来了多方面的好处。首先,它显著提高了创作效率,通过自动生成文章内容,为创作者提供丰富的素材和灵感,从而为创作者节省时间和精力。其次,AI 能提供高质量的内容建议,通过对文章内容的分析和优化,为创作者提供改进意见,从而提升文章的质量和可读性。最后,AI 支持多语种内容生成和编辑,能帮助创作者拓展国际市场,吸引更多受众。

然而,AI 写作技术也存在一些缺点。首先,生成的文章可能缺乏创意和独特性,因为其基于数据和算法生成,可能缺乏人类的独特思维和个性化表达。其次,AI 在情感和情感表达方面存在缺陷,无法完整、准确地传达情感,从而影响文章的情感表达。最后,AI 生成的文章可能涉及版权和伦理问题,需要创作者在使用时谨慎考证原创性、知识产权和道德等问题。

综上所述,尽管 AI 写作技术在提高创作效率、提供优质建议和多语种支持等方面具有优势,但也存在缺乏创意和独特性、情感表达能力有限及可能存在版权和伦理问题等缺点。因此,创作者在应用时应权衡利弊并谨慎对待。

答 以下是优化后的版本。

AI 写作技术为创作者带来了多方面的好处。首先,它可以显著提高创作效率,通过自动生成文章内容,为创作者提供丰富的素材和灵感,从而为创作者节省时间和精力。其次,AI 能提供高质量的内容修改建议,通过对文章内容的分析和优化,为创作者提供改进意见,从而提升文章的质量和可读性。最后,AI 还支持多语种内容生成和编辑,能帮助创作者拓展国际市场,吸引更多受众。

然而,AI 写作技术也存在一些缺点。首先,生成的文章可能缺乏创意和独特性,因为其基于数据和算法生成,可能缺乏人类的独特思维和个性化表达。其次,AI 在情感和情感表达方面存在缺陷,无法完整、准确地传达文章的情感,这会影响文章的情感表达。最后,使用 AI 写作技术生成的文章可能涉及版权和伦理问题,因此创作者在使用时需谨慎考证原创性、知识产权和道德等问题。

为了优化 AI 写作技术的使用效果,创作者可以考虑采取以下手段:首先,保持创意和独特性,通过在 AI 生成的文章中加入自己独特的思考和表达方式,

第 6 章 高效学习

使文章更具创意和个性。其次,注重情感表达,通过在文章中加入真实的情感,使文章更具人情味。最后,创作者在使用 AI 生成文章时,应谨慎处理版权和伦理问题,避免侵犯知识产权或违反伦理规范。

综上所述,尽管 AI 写作技术在提高创作效率、提供优质建议和多语种支持等方面具有优势,但也存在缺乏创意和独特性、情感表达能力有限及可能存在版权和伦理问题等缺点。因此,创作者在应用时应权衡利弊并谨慎对待,结合以上建议来优化使用 AI 写作技术的效果。

问 结合两个版本的具体内容,详细说明第二版比第一版好在哪里。

答 对比两个版本,第二版的优点包括以下两点。

1. 增加了实用的建议。第二版增加了具体、实用的建议,例如加入创作者独特的思考和表达方式、注重情感表达、谨慎处理版权和伦理问题等。
2. 结构更加清晰。第二版的结构更加完整,行文更加流畅,内容更易读。

通过以上优化,第二版内容更加具体全面,提供了实用的建议,从而更好地满足了读者的需求。

注意事项

调研报告中涉及的数据需要通过真实调研获取,不要依赖 AI 生成,否则涉嫌数据造假。

拓展练习

1. 假设你要进行实地调研,让 AI 根据你的调研目标、方法,以及调研对象的联系方式和地址,生成一份详细的实地调研计划,要求流程科学、易于操作、高效省时。
2. 让 AI 根据你的实地调研情况,分析所有数据,并生成 3 个具体案例,要求角度不同、对比清晰、有说服力。

第 7 章

教育教学

7.1_ 一键生成培训大纲

我们有非常清晰的任务信息或者需求时,通过指令式提问的方法向 AI 进行提问,能够获得更加全面和更加匹配的答案。

指令式提问因为信息明确,还非常适合教育行业中的一些培训场景,比如帮助讲师撰写培训大纲、培训教案等。

讲师明确培训主题后,可以借助黄金三点法向 AI 进行提问,快速得到一份合格的培训大纲。

参考结构:黄金三点法

简要解释	提问启发
是什么	现在要完成的任务是什么
为什么	完成这个任务的目的是什么
怎么做	关于完成任务的要求有哪些

如何用黄金三点法对 AI 进行提问呢?来看看下面的案例。

假设你是一位培训讲师,要面向企业进行一场关于直播的培训,你该如何向 AI 进行提问呢?来看看下面这个示例。

> **问** (是什么?)你是一位培训讲师,现在要面向企业进行一场以"直播带货"为主题的培训。
>
> (为什么?)培训的目的:
>
> 1. 让企业员工意识到直播带货的重要性;
> 2. 让企业员工能够上手直播,掌握基本的直播技巧。
>
> (怎么做?)培训大纲需要满足以下 3 个要求:
>
> 1. 培训时间为 2 天,培训大纲需要结合时间来设计;
> 2. 培训大纲需要细化到 3 级标题,包含培训的具体内容;
> 3. 培训大纲要包含带领学员实操的环节和时间。

答 培训主题：直播带货

培训时间：2 天

第一天

第一部分：直播带货的重要性（1 小时）

1.1 直播带货概述及其趋势（30 分钟）

直播带货的定义和发展历程

直播带货对于电商行业的重要性和前景

直播带货的成功案例和效果分析

1.2 直播带货的商业价值（30 分钟）

直播带货对企业销售额的提升作用

直播带货在品牌传播和增强用户黏性方面的优势

直播带货对产品推广和市场拓展的贡献

第二部分：直播带货基础知识和准备（2.5 小时）

2.1 直播带货的基本流程和关键环节（30 分钟）

直播带货的基本流程和步骤

直播带货的核心要素和关键环节

2.2 主题和产品准备（1 小时）

如何选择适合直播带货的主题或产品

如何准备产品和演示素材，增强直播效果

2.3 直播平台和工具介绍（1 小时）

直播平台的特点和选择

直播带货所需的基本工具和设备介绍

实操：使用直播平台和工具进行直播带货

（更多内容，略）

> **注意事项**
>
> 1. 指令越清晰、越具体，AI 的回答越精准。
> 2. 想要进行好的指令式提问，可以多积累好的提问结构，帮助自己梳理真实需求，从而进行更清晰的表达。
> 3. 在工作中遇到自己不明确写作结构的情况，比如撰写会议记录、公文等，可以让 AI 提供写作框架，再让 AI 用这个框架生成相应的内容。

7.2 提升备课效率

使用角色扮演式提问，用户要通过让 AI 扮演专家的方式来获得更优质的回答，从而解决问题。

一方面，角色扮演式提问非常适用于一些有专业门槛的领域，或者需要一定专业能力才能进行的任务。

另一方面，为 AI 赋予身份，可能会得到意想不到的回答，因此角色扮演式提问也适用于一些需要想象力的领域。

老师使用角色扮演式提问，不仅能够发现学生的学习难点，还可以进一步找到解决这些难点的方案。

让 AI 给出学生在学习时可能会遇到的难点，老师在备课时可以针对学生可能会遇到的难点进行准备，达到更好的教学效果。

看看下面这个提问演示吧。

第一步，让 AI 扮演学生，指出学习难点。

问 我想让你扮演一名大一的学生。我会告诉你我要教学的课程内容，你来告诉我作为学生你可能会遇到的难点，可以吗？

答 当然可以！作为一名大一的学生，我很愿意帮助你了解我在学习中可能会遇到的难点。请告诉我你要教学的课程内容，我将尽力为你提供相关的信息。

问 我是一名教授传播学的大学老师，即将给你讲解"拉斯韦尔模式"，你在学习的过程中会遇到什么难点呢？

答 作为一名大一的学生，在学习"拉斯韦尔模式"的过程中我可能会遇到以下难点。
1. 过于抽象和理论化：作为一个理论模型，拉斯韦尔模式对我来说过于抽象和理论化，我可能会难以理解模型的概念和背后的原理。
2. 多个要素的复杂性：拉斯韦尔模式涉及多个要素，如传播者、信息、媒介、效果、受众等，我可能会感到困惑和混乱，不知道如何将这些要素联系起来。
3. 实际应用的挑战：我不知道如何将拉斯韦尔模式应用到实际的传播案例中，以及如何分析和评估模型在实际情境中的有效性。

第二步，让 AI 扮演老师，针对学习难点给出解决方案。

问 假设你是一名教授传播学的大学老师，我是一名学生，你即将给我讲解"拉斯韦尔模式"。我会告诉你我遇到的问题，请你帮我解答，可以吗？

答 当然可以！我会尽力为你解答有关拉斯韦尔模式的问题。请告诉我你遇到的问题是什么，我将尽力提供清晰和详细的答案。

问 我很难理解这个理论模型，拉斯韦尔模式的五个要素对我来说可能过于抽象和理论化，你是否能举一个具体的案例帮助我理解呢？

答 当然！我会通过一个具体案例来帮助你理解拉斯韦尔模式的五个要素。
假设你是一家公司的市场营销经理，负责推广一款新的健康饮品。你决定应用拉斯韦尔模式来制订你的传播策略。
拉斯韦尔模式的五个要素：传播者、信息、媒介、效果和受众。
1. 传播者：在这个案例中，你就是传播者，你负责制订并执行传播策略，以推广公司的健康饮品。

2. 信息：你需要确定要传达的核心信息。这可能包括健康饮品的特点、功效、成分、独特卖点等。你需要确保信息准确、有吸引力，并与目标受众的需求相匹配。

3. 媒介：选择合适的媒介来传播信息是关键。你可以使用多种媒介，如电视、社交网络、传统出版物、宣传单等。你需要考虑使用哪种媒介最适合将信息传达给你的目标受众，并在预算范围内选择适当的媒介。

4. 效果：在制订传播策略之前，你需要明确你希望通过传播达到的效果，比如，是增加销量，还是提高品牌认知度，又或者是改变受众的态度或行为。评估指标应该与你的目的一致，以便衡量传播活动的成功与否。

5. 受众：了解目标受众的特征、兴趣和需求是至关重要的。在这个案例中，目标受众可能是健康意识强的、年轻的运动爱好者。你需要针对目标受众的特点和需求来制订传播信息和选择媒介。

现在，让我们将这些要素应用到具体的案例中。

你的公司推出了一款健康饮品，主打提供能量和补充营养。你的目标是吸引年轻的运动爱好者，以及那些追求健康生活方式的人。

作为传播者，你确定核心信息是饮品的天然成分、营养价值和提供能量的功效。你希望传达出这款饮品有益健康和提供持久能量的特点。

为了传达这些信息，你可以选择使用多种媒介。例如，你可以制作一段电视广告，展示饮品的天然成分、年轻人享用饮品的场景以及他们在运动中获得能量的画面。此外，你可以通过社交媒体平台发布有关健康饮品的营养知识、运动技巧和用户分享的实际体验，以吸引目标受众的注意。

在评估效果方面，你可以设定明确的目标，如在一个季度内销量增加20%。你可以通过销售数据和社交媒体上的用户参与度等指标来衡量传播活动是否达到了预期效果。

最后，了解你的目标受众是关键。你可以进行市场研究，了解年轻人和运动爱好者的喜好、习惯和需求。你可以与运动场所、健身教练和健康生活博主等合作，以吸引目标受众并提高品牌认知度。

通过以上的例子，你可以更好地理解拉斯韦尔模式的五个要素是如何在实际的传播策略中应用的。请记住,每个案例可能会有不同的要素权重和具体操作方式,但拉斯韦尔模式提供了一个框架,帮助你更系统地思考和规划传播活动。

7.3_ 作业点评

有了 AI,作业点评都变得轻松了。

问 你现在是 ××× 课程的助教,需要给学员进行反馈和点评,我给你提供一段学员写的自我介绍,你需要给学员写一段回复。
下方【】中是学员的自我介绍。
【大家好,我是 Chacha 茶茶。
[职业] 我的职业是培训公司创始人。
[地区] 我来自成都。
[对 AI 的看法] 我认为 AI 可以成为人类的超级助理。
[对学习 AI 的看法] 对于学习 AI 这件事,我认为应先跟着走在前面的老师们入门,让 AI 更好地为我们所用是学习目标。】
在此之前,我先给你两个回复的示例,请你按照示例的风格来撰写回复。
参考示例如下:
你好呀!很高兴认识你。你对 AI 的看法非常深刻,认为 AI 不断发展、进化,具有接近人的行为和思维的可能。但即便再接近人,机器和程序也无法具有人类的想象力。因此,成为会使用工具的人,甚至创造工具的人,更有可能从重复性任务中解放出来,不断创新。同时,你也强调了需要尽早出台关于 AI 的规范化使用的法律法规。
(更多内容,略)

答 亲爱的 Chacha 茶茶,
你好呀!非常高兴在 ××× 课程中与你相识。从你的自我介绍中,我看到了你对 AI 的独到见解。你认为 AI 作为一个超级助手,可以在很多方面提高我们

第 7 章 教育教学 | 187

的工作效率。

你提到了跟随前辈们入门 AI，并关注如何更好地将其应用于实际生活，这是一个切合实际且明智的学习目标。在课程中，我们会提供丰富的学习资源，帮助你更好地运用 AI、理解其运行逻辑，从而更有效地将其应用到你的工作和生活中。

作为培训公司的创始人，你所具备的敏锐的洞察能力和跨界创新的思维将为课程增色不少。希望在接下来的学习过程中，你能够不断拓宽自己的思路，为未来的工作和生活做好准备！

如果你在学习过程中有任何问题，欢迎随时联系我，我将竭诚为你提供帮助。

期待与你一同在训练营中学习和成长！

祝学习愉快！

7.4_ 教学思路拓展

授人以鱼不如授人以渔。在教学培训中，教师或培训师不仅要向学生传道、授业、解惑，还需要教会学生如何拓展思路、独立思考。

不妨试试用发散提问让 AI 生成一些发散问题。

问 我是一名 PPT 培训师，请给我 10 个课堂上的发散问题，以帮助学员学会独立思考、解决 PPT 制作问题。

答
1. 如果你要设计一个引人注目的封面，你会选择哪些元素和颜色来吸引观众的注意力？
2. 当你的幻灯片需要使用图片时，你会如何选择适当的图片，以增强信息传达效果？
3. 如果你想让观众积极参与互动，你会在幻灯片中加入什么元素或交互方式？

（更多内容，略）

10. 当用于演示的时间不充足时，你如何在幻灯片中精简内容，同时确保重点信息的有效传达？

在课堂上向学生们提出这些发散问题，可以很好地拓展学生的思路，培养学生自主发现问题、思考问题、解决问题的能力。

> **注意事项**
>
> 1. AI 生成的创意可能是天马行空的，因此我们需要结合实际情况做进一步的筛选。
> 2. 当 AI 生成的内容无法满足我们的需求时，我们不妨试试向它提供更多情境或背景信息，通过多次引导 AI 反复生成回答，来获取最令人满意的内容。

7.5_ 生成试卷

在教学领域，老师可以使用多项选择提问让 AI 帮助出题，并提供答案和解析。多项选择提问是一种通过给出多个选项，让 AI 从中选择一个最合适的选项的提问方式；或者通过提问引导 AI 进入一个更具体的方向，以帮助提问者达到更明确、更聚焦的目标。这种提问方式有助于提高答案的针对性和准确性，使提问者进一步从既定选项中获取最优选项。

问 帮我出 10 个高考历史选择题，并给出答案和解析。

答 以下是 10 个关于高考历史的单项选择题及答案和解析。

一、秦始皇统一中国后，实行了哪种政治制度？

A. 分封制

B. 郡县制

C. 宗法制

D. 世卿制

答案：B. 郡县制

解析：秦始皇统一六国后，废除了分封制，实行郡县制，以加强中央集权。

二、以下哪个哲学家是古希腊哲学家柏拉图的弟子？

A. 苏格拉底

B. 亚里士多德

C. 赫拉克利特

D. 普罗泰戈拉

答案：B. 亚里士多德

解析：亚里士多德是古希腊哲学家柏拉图的弟子，他跟随柏拉图学习并成为一名著名的哲学家。

（更多内容，略）

注意事项

1. 选项设置合理：确保提供的选项是与主题相关且实际可行的，避免使用无关或明显错误的选项，以免 AI 输出具有误导性的答案。

2. 选项数量适中：选项过多可能会导致用户对 AI 输出的答案感到困惑，选项过少可能导致答案无法满足用户的需求；用户应根据问题的复杂程度，设置适当数量的选项。

3. 避免使用模糊或描述不清晰的选项：确保对选项的描述清晰明了，避免使用模糊或容易产生歧义的词汇。

4. 在适当的情况下使用开放式选项：在适当的情况下可以使用开放式选项，如"其他"或"自由发挥"，以免过度限制 AI 的创造性和灵活性。

拓展练习

1. 让 AI 为理财小白选择一种投资方式：A. 股票；B. 债券；C. 黄金。

2. 让 AI 从以下五部电影中选择一部适合和女朋友一起看的：《阿凡达》《星际穿越》《泰坦尼克号》《盗梦空间》《肖申克的救赎》

7.6_ 让 AI 造句

约束提问可以让 AI 在给定的框架中，依据给定的模板、风格有限制地作答，通常只需要 AI 生成一种方案。

例如，让 AI 参照固定模板写一段自我介绍，按给定的框架写一份工作报告，依照特定句式造一个句子，用指定的风格改写文案，等等。

下面看看给 AI 提供约束模板后，AI 造句的水平如何。

问 请帮我补全括号中的内容：（　　　　）不在于（　　　　），而在于（　　　　）。

答 （关键）不在于（外在条件），而在于（内在品质）。

句子举例：

成功不在于机遇，而在于努力。

幸福不在于财富，而在于内心的满足感。

成就不在于天赋，而在于不断地学习和实践。

请注意，括号中的内容可以根据具体情境进行替换，这里提供的只是一些示例。

注意事项

1. 约束提问一般会限制问题的范围，如果限制条件太多或太严格，则可能导致 AI 在回复中排除一些相关的信息，从而有损回复的广度和深度，因此我们要注意调整限制条件。

2. 约束提问中的限制条件应清晰、无歧义。我们需要对 AI 的回复内容进行甄别，或者通过多次提问来获得更完整、更准确的答案。

> **拓展练习**
>
> *1.* 假设你想看悬疑小说，让 AI 给出建议从哪一本开始，给出一个建议即可。
> *2.* 让 AI 按活泼俏皮的风格改写以下文案，并增加一些表情符号。
> 要有效应对负面情绪，我们必须首先接纳它们。当我们有负面情绪时就好像河道被堵，我们应该使河道畅通，而非保持堵塞。就负面情绪的释放方法而言，我愿意分享一些经过亲身验证的实用技巧。

7.7 教学内容优化

对 AI 的回答不满意怎么办？是直接放弃，还是换一个问题接着问？

用 AI 寻找更好答案的一种方式是让 AI 自己进化，即在其所提供的答案的基础上不断追问和优化问题，直到得到满意的结果，这种提问方法叫作循环提问。

循环提问是一种通过反馈结果，不断改进 AI 的答案的提问方法，目的是得到更优的解决方案或满足提问者更高的要求。

循环提问不仅可以运用在不同的创作领域，还可以运用在技能学习和相关问题的研究方面。只要有足够的耐心，你就会获得理想的答案。

在教学培训中，老师可以利用循环提问来引导 AI 帮助自己不断优化教学内容，从而促使学生更好地掌握新知识。

问 什么是三角函数？

答 三角函数是一组在三角形和圆形的研究中起着重要作用的函数，它们通常用 sin、cos、tan 和 cot 等表示，用来描述三角形中的角度和边长之间的关系。

问 你刚才给出的定义有点难懂，下面请你给出一个更好的定义，要求更容易理解。

答 三角函数是一组在三角形和圆形的研究中起着重要作用的函数，它们用来描述三角形中角度和边长之间的关系。

具体来说，正弦函数 sinθ 描述了一个角的对边与斜边的比值，余弦函数 cosθ 描述了一个角的邻边与斜边的比值，正切函数 tanθ 描述了一个角的对边与邻边的比值，余切函数 cotθ 描述了一个角的邻边与对边的比值。

问 请在此基础上给出一个更好的定义，要有具体使用案例。

答 三角函数用来描述三角形中角度和边长之间的关系，在三角形和圆形的相关计算中起着非常关键的作用。三角函数通常用 sin（正弦）、cos（余弦）、tan（正切）和 cot（余切）等表示。

可以这么描述，一个三角形有三条边和三个内角，只要知道这六个条件中的任意三个，就可以通过三角函数计算另外三个条件的值。

具体来说，正弦函数 sin θ 描述了一个角的对边与斜边的比值，余弦函数 cos θ 描述了一个角的邻边与斜边的比值，正切函数 tan θ 描述了一个角的对边与邻边的比值，余切函数 cot θ 描述了一个角的邻边与对边的比值。

这里具体举例说明。对直角三角形来说，形成直角的两条边称为直角边，另外一条边称为斜边。假设有一个直角三角形，直角外的两个角分别是 30° 和 60°，假设短的那条直角边长度为 1，那么长的那条直角边长度就是 $\sqrt{3}$，斜边的长度则为 2。对 30° 这个角来说，sin30° = 对边 / 斜边 =1/2，cos30° = 邻边 / 斜边 = $\sqrt{3}$ /2，tan30° = 对边 / 邻边 = $\sqrt{3}$ /3，cot30° = 邻边 / 对边 = $\sqrt{3}$。

第 8 章

生活娱乐

8.1 诗歌创作

AI 面世带来的威胁已经渗透到文学创作领域了吗？

虽然说 AI 在创意和情感方面与那些思维细腻的人相比还有很大的差距，但是它的出现让以前看起来门槛很高的诗歌创作不再遥不可及。现在，普通人也可以借助 AI 进行创作。可以参照如下的思路与 AI 互动，快速写出还不错的诗歌。

第一步，设定角色。想快速写出几句还不错的诗歌，可以先让 AI 学习优秀案例，让它来提炼这些优秀案例的共同特征。

问 你现在是一位非常优秀的诗歌作者，接下来我将给你发送一些诗歌名句，请你总结它们的共同点。

答 好的，我很乐意为您总结这些诗歌的共同点。

第二步，提供参考。让 AI 分析这些案例，并总结它们的共同点。

问
1. 最是人间留不住，朱颜辞镜花辞树。
2. 当你为错过太阳而哭泣的时候，你也要错过群星了。
3. 不要着急，最好的总会在最不经意的时候出现。
4. 悄悄的我走了，正如我悄悄的来；我挥一挥衣袖，不带走一片云彩。

答 这些诗句的共同点是它们都表现了人生瞬息变化和无常的主题，以及对逝去的时光和人生经历的思考和感悟。它们都展现了人生不可预测的特征，同时提醒我们要珍惜当下的时光和身边的人。

第三步，总结模仿。让 AI 根据这些共同点进行创作，同时提醒它不要简单地复制。

问 好的，请你结合上述诗句的特征，以"毕业"为主题创作一些诗句，不要照搬。

答 好的，我会结合上述诗句的特征，以"毕业"为主题创作诗句。
1. 在秋日里相识，在夏日里告别，教室、操场、食堂，见证我们的青春。
2. 毕业的学生，如雏鸟离巢，心中有梦，展翅翱翔。
…………

第四步，优化迭代。如果对 AI 生成的内容不满意，可以向它提出具体的反馈意见，让它进行优化。

问 我觉得这些句子过于平实了，可以使用象征手法，使其更加富有意境和美感吗？

答 好的，我再尝试为"毕业"主题创作一些更加富有意境和美感的诗句。
1. 毕业，让青春如秋叶飘落在时光的路上，留下了无尽的回忆。
2. 毕业不是终点，而是新生活的开始，乘上理想的小舟，我们扬帆起航。
…………

> **注意事项**
>
> *1.* 如果想要快速得到符合预期的诗句，可以向 AI 发送理想的案例素材。AI 具有很强的学习能力，提供优秀的案例让它学习后，它便能够生成符合预期的诗句。
> *2.* AI 生成的内容读起来通常比较生硬，需要主动引导它增加情感元素、营造意境。给出具体需求后，可以让 AI 多生成一些诗句，并从中选出较好的进行情感、想象、意境、手法等方面的反馈，直到获得满意的诗句。

第 8 章 生活娱乐 | 197

> **拓展练习**
>
> **1.** 询问 AI 是否读过舒婷的诗,如果得到肯定的回答,则让 AI 总结一下舒婷诗歌的特色。
> **2.** 让 AI 写一首徐志摩风格的现代诗,要求围绕"四季""爱情"来创作。
> **3.** 让 AI 结合比喻的手法,以"春色"为主题创作一首现代诗,注意情感表达要含蓄。

8.2_ 随心写诗

假设要让 AI 写一首诗,可按照以下步骤进行循环提问。

问 请你写一首诗,主题是春天。

答 春风吹绿了山川,百花争艳绽笑颜。
莺歌燕舞迎新岁,人间最美四月天。

问 请你给出一个更好的方案,要求比这首诗更有创意和感情,并且解释为什么更有创意和感情。

答 春色满园花如锦,蜜蜂采蜜忙不停。
我愿化作一枝柳,与君共舞在风中。
这首诗比前一首诗更有创意和感情,因为它用了想象的手法,把自己想象成一枝柳,与心爱的人在春风中舞动,表达了对春天和爱情的向往。

问 请你给出一个更好的方案,要求比前两首诗更深刻、更有哲理,并且解释为什么更深刻、更有哲理。

答 春光无限好，难与白云比。
人生如春梦，醒来何处寻。

这首诗比前两首诗更深刻、更有哲理，因为它用了对比的手法，把春天的美好和人生的虚幻进行对照，表达了对生命和时间流逝的感慨和无奈。

问 请你给出一个更好的方案，要求比前三首诗更符合现代人的审美和情感，并且解释为什么更符合现代人的审美和情感。

答 春天不是读书天，阳光和风都太甜。
我只想把手机关，跟你去看海看山。

这首诗比前三首诗更符合现代人的审美和情感，因为它更口语化和幽默，把春天的美好和读书的压力进行对照，表达了对自由和浪漫的渴望。

8.3_ 模仿古人写诗词

读了那么多唐诗宋词，你是否也想写一首呢？

首先给 AI 指定一个身份，无论是豪放不羁的李白，沉郁忧愁的杜甫，还是豁达超脱的苏轼……然后告知 AI 你想要表达的心情——是春风得意时的畅快淋漓，还是秋风萧瑟中的淡淡哀愁；是月下独酌的孤独清欢，还是花开满园的喜悦满溢……AI 就会以他的笔触，为你量身定制一首诗词。

问 你现在是词人李清照，请以秋天的思念为主题创作一首诗。要求诗句中必须出现明月和流水。

答 秋思寄远

秋意渐浓月满庭,流水潺潺绕孤亭。
落叶纷飞随风舞,寒霜悄降染林青。
遥思故人千里外,明月清辉映心屏。
流水似带传情意,绵绵不绝到天明。
独坐空闺听夜风,声声稀疏似离情。
愿君知我相思苦,共赏秋光不负卿。

此诗以秋天的月夜为背景,通过明月和流水的意象,寄托了词人对远方故人的深深思念。秋风落叶、寒霜林青,营造出一种清冷而凄美的氛围,而明月和流水则成为了传递情感的媒介,表达了词人绵延的思念之情。

问 不用使用叠词,请优化上边这首诗。

答 秋夜寄思

秋意深沉月挂天,流水潺湲绕静园。
叶落纷飞随风远,霜华轻洒覆林间。
千里相思寄明月,清辉遥照故人颜。
流水似带情难尽,长夜无眠盼君还。
独倚危栏听夜风,影斜声疏入心田。
愿君知此相思意,共赏秋光不负缘。

此诗在保持原有意境的基础上,去除了叠词,使诗句更加凝练而富有韵律感。通过描绘秋夜的深沉、月光的皎洁、流水的潺湲以及落叶与霜华的景象,营造出一种宁静而略带哀愁的氛围。同时,通过明月和流水这两个意象,将词人的思念之情传达得更为深远和真挚。

8.4 小说创作

推理小说家詹妮弗·莱普表示自己有 7 部正在用 AI 写的小说。她只需要告诉 AI "我是谁"和"我需要什么"，AI 就能自动生成故事情节。

下面来看看如何与 AI 互动，快速写出有一定可读性的小说吧！

第一步，交代背景。想快速写出一篇完整的小说，但缺乏灵感，可以先向 AI 提供几个关键词，让它构思小说的故事背景。

> **问** 你现在要写一篇推理小说，接下来我给你几个关键词，请你构思故事背景：酒店、真凶、悬疑、四个嫌疑人、反转。

> **答** 故事背景：
> 在一家豪华酒店的顶层套房里，一名富商被发现死于卧室之中。他的死因不明，警方开始展开调查。有四个嫌疑人：酒店经理、服务员、财务主管和保安。每个人都有动机和机会，这些让警方很困惑。
> ……

第二步，生成大纲。让 AI 结合设定的故事背景完成大纲创作。

> **问** 请你根据上述故事背景，把这篇小说分为 8 章，相邻的两章之间要有逻辑性。

> **答** 当然，以下是按照您提供的故事背景分成的 8 章的标题。
> 第一章：富商的死
> 第二章：四个嫌疑人
> 第三章：扩大调查
> 第四章：神秘侦探
> 第五章：揭开谎言

第六章：真凶揭晓

第七章：谎言的代价

第八章：侦探的荣誉

第三步，撰写章节。让 AI 根据大纲写出这篇小说的第一章。

问 很好，请你按照大纲，写出这篇小说的第一章。

答 当晚，一位身份高贵的富商被发现死在了一家高档酒店的套房中，而他的死因是一个谜。整个房间被锁死，现场没有任何凶器，也没有打斗痕迹。警方已经开始调查，但他们一直无法解释这起令人疑惑的案件。

这位富商是一名在业界享有盛名的企业家，据说他最近进行了一项重要的交易，这项交易对他和公司的未来都将产生重大的影响，但并不清楚他的死是否与此有关。

警方在现场进行了大量的勘察和调查，但他们只是得到了不完整的线索。房间的布局很简单，有一张大床、一间浴室和一间起居室，而这些地方都没有发现可疑的东西。不管怎么样，警方必须要找到答案，因为这个案子不仅关乎死者的家属，还关系到社会的安定和公正。

第四步，优化。AI 写出的第一章较为粗糙，可以向 AI 询问是否有修改建议或改进方法。

问 你认为你写的第一章内容存在什么问题？有没有什么改进方法，让它更加具有吸引力和悬念呢？

答 下面是我对第一章的改进建议。

1. 建议增加更为细致的场景描写和人物刻画，以便读者更好地融入故事。可以在描述富商的同时，也对其他重要人物和现场进行详细的描述，增加读者的好奇心。

2. 建议增加更多的悬疑元素，如可以在第一章中引入一些不寻常的线索，比如死者手中的一张照片、房间里的一件不属于任何人的物品等。

……

第五步，反馈迭代。 根据 AI 提出的修改意见，让它再次进行优化。

> **问** 好的，请你按照上述修改意见，对第一章内容进行修改。

> **答** 当晚，一名身份高贵的富商被发现死在了一家高档酒店的套房中。他的面容扭曲，似乎曾经经历巨大的痛苦。整个房间被锁死，现场没有任何凶器，也没有打斗痕迹。警方已经开始调查，但他们一直无法解释这起令人疑惑的案件。
> 在酒店大堂，一位年轻的女警官正在了解案件情况。她叫林雨，据说是这座城市最优秀的警察之一，被誉为"灵魂捕手"。
> ……

AI 根据反馈进行了优化，改进了场景和人物的描述，增加了人物角色。比起之前的版本，故事的可读性有了很大的提高。

注意事项

1. 最好采用逐步细化的方式丰富小说的内容。让 AI 创作小说时最好采用逐步细化的方式，从故事背景到章节大纲，再到每一章具体的故事内容，逐步完善，避免超出 AI 回复的字数限制。

2. AI 的初次创作可能比较粗糙，但可以通过提供反馈来让它不断优化。如果不喜欢 AI 创作的内容，但又说不出来哪里不好，可以让它自己提出反馈意见并优化，以得到你满意的内容。

> **拓展练习**
>
> **1.** 让 AI 用东野圭吾的风格,写一篇 1000 字左右的悬疑故事。
> **2.** 让 AI 以宋朝为背景创作一篇武侠小说。
> **3.** 让 AI 创作一部古代权谋小说,假设主人公是孤儿,先写出剧情主线。

8.5_ 剧本创作

人类的创造力和想象力是无穷无尽的,但是,创作一个优秀的剧本需要耗费大量的时间和精力,大脑会疲倦,但 AI 不会。

试试与 AI 互动,它能在短短几分钟内提供多个剧本,真正解放创作生产力。可以参照下面的思路与 AI 互动,快速创作出符合预期的剧本。

第一步,确认方向。在陷入思维瓶颈、没有头绪的时候,可以让 AI 提供一些关于剧本创作方向的建议,从而激发创作灵感。

问 我想写一个吸引女性观众的剧本,但还没有具体的想法,请给我一些关于创作方向的建议。

答 当写一个能吸引女性观众的剧本时,以下是一些可能有用的关于创作方向的建议。

1. 爱情故事:一对令人心动的男女主角,他们的未来充满了挑战和障碍,但他们最终克服了所有困难,走到了一起。
2. 成长故事:女主角通过克服各种困难和挑战,变得更强大和自信,最终找到了自己真正的目标和人生意义。
 …………

第二步，选择剧本。 在确定剧本的方向之后，可以让 AI 提供几个同类型的剧本简介，直到找到满意的剧本为止。如果都不满意，可以让它再提供几个选择。

问 我觉得你建议的第 2 点不错，请你帮我写几个同类型的剧本简介。

答 好的，以下是三个女性成长故事的剧本简介，供您参考。

1. 《蜕变》（Metamorphosis）：这是一个关于年轻女孩成长和自我探索的故事。她一开始是一个羞怯而内向的人，但当她参加一门摄影课程时，她开始发掘自己的艺术才能，并在学习摄影的过程中变得自信和勇敢。她不仅学会了如何面对自己的家庭问题和情感问题，还找到了自己真正的方向和目标。

2. 《智慧之旅》（Journey of Wisdom）：这是一个讲述三位女性朋友在旅行中探索世界和自我发现的故事。她们的人生陷入了困境，但在一起旅行的过程中，她们互相帮助和支持。在探索世界的过程中，她们每个人都收获了很多。最终，她们回到家乡，找到了自己真正的目标和未来方向。

3. 《女孩的力量》（Power of a Girl）：这是一个讲述少女在成长过程中面对歧视和挑战，最终克服困难的故事。她生活在一个充满歧视和偏见的地区，但她拥有毅力和正义感。她面临着许多障碍，但她始终坚持自己的信念，努力为自己和周围的人争取公正和正义。最终，她的努力得到了认可，她也获得了成功和尊重。

第三步，生成大纲。 从 AI 提供的众多剧本中，选择中意的剧本并让它生成该剧本的大纲内容。

问 第 3 个不错，请你继续帮我写出这个剧本的大纲。

答 好的，以下是一个关于女性成长和自我探索的剧本大纲。
剧本名称：《女孩的力量》（Power of a Girl）
主要角色

1. 莉莉：本剧女主角，她非常聪明、有才华，但经常面临各种压力。她有坚定的信念和正义感,也会感到沮丧和迷茫。
2. **莉莉的家人**:包括莉莉的父母和兄弟姐妹。他们非常关心莉莉,但有时也会对她的行为和决定提出质疑,甚至会给她带来更多的压力。
3. **莉莉的朋友**:莉莉的一些好朋友,她们经常面临着各种挑战,但一直互相支持和鼓励。

剧情简介

第一幕:开场

莉莉是一个充满活力和才华的少女,但她生活在一个充满歧视和偏见的地区。她在学校表现出色,但总是受到男同学和教师的不公正待遇。她在社交媒体上同样遭到了各种歧视,这让她深感沮丧和迷茫。

…………

第四步,撰写高潮情节。有了整体大纲,可以让 AI 写出全剧的高潮,即最有看点的内容。

问 很好,我想知道这个剧本的高潮情节,请你按照剧本的格式写出来。

答 内景

剧院

晚上

莉莉上台准备开始表演,看起来有些紧张但又充满信心。

导师

(幕后)

你能行的,莉莉!做回自己就好了。

莉莉深呼吸,开始表演。起初,一切都很顺利。突然,她弹错了一个音符,她的信心开始动摇。评委们紧盯着她,眼神充满了怀疑。

莉莉
（对自己说）
来吧，莉莉，你能行的。
…………

第五步，优化细节。 根据 AI 提供的高潮情节，让它针对其中一个片段进行优化，以突出人物的性格特色。

问 我感觉你创作的莉莉在比赛中面临挑战的这段情节，不足以让观众印象深刻。你可以再优化一下这段吗？按照剧本的格式改写出来。

答 旁白：她深吸一口气，开始演奏自己的音乐，心情非常激动。然而，她的手指开始颤抖。
莉莉站起来调整了一下呼吸和踏板，重新开始演奏。

旁白：这次她弹得更加自信和坚定。她的音乐表达了她的情感，观众的掌声和欢呼声此起彼伏。
然而，就在她即将结束演奏的时候，她再次弹错了几个音符，这次更加严重。观众的嘲笑声开始响起。

观众1
（嘲讽）
看看她，完全没有进步！
观众2
（嘲讽）
真不知道她为什么要参加比赛。

内心独白：一路走来，我遭受的恶语还少吗？但我绝对不能放弃。再来一次！
（咬紧牙关，不让眼泪掉下来）

莉莉努力克制自己的情绪，闭上眼睛，深呼吸，然后重新开始演奏。她凝视观众，表情坚定。

她的演奏有所改变，她变得更加自信和灵活。她似乎完全忘记了刚才的失误，全身散发着强烈的自信和魅力。

观众们开始不断鼓掌，他们对莉莉的表现非常欣赏。莉莉知道，她现在在比赛中占据了优势。

莉莉在最后的时间里表现得非常出色，她的指尖似乎变成了轻快的精灵，她的演奏越发优美而流畅。

她的心跳加速，脸颊逐渐变红，但她并没有停下来。最后，她用一段高难度的演奏，结束了这场表演。

全场爆发出热烈的掌声和欢呼声。

莉莉知道，在比赛中获得胜利对她来说很重要，但更重要的是，她在这场比赛中战胜了自己。

可以看到，当故事情节不够引人入胜时，AI 会以增加矛盾和冲突的形式来优化，这样可以使故事更加生动。

> **注意事项**
>
> 1. 剧本里需要的矛盾和冲突，可以通过逐步引导 AI 创作来实现。AI 生成的初始剧本的剧情可能会有些平淡，但它可以不断进行优化，只需要选择某个情节来引导它优化即可。
> 2. AI 可以解放生产力，但在剧本创作时最好使用它作为辅助工具。剧本创作需要表达情感，但 AI 目前还不具备自主表达情感的能力，因此在创作过程中需要我们不断引导，才能生成令人满意的内容。建议在缺乏灵感时寻求它的帮助，但核心内容的创作依然留给自己。

> **拓展练习**
>
> **1.** 让 AI 以"穿越到蜡笔小新家"为主题,创作 3 个不同的剧本。
> **2.** 假设你想让剧本中男女主角相处的情节更加打动观众,让 AI 提供一些优化建议。

8.6 散文创作

生活中有很多让人触景生情的时刻。无论是登上气势磅礴的高山时,还是漫步于炊烟袅袅的村庄时,内心的触动往往难以用语言恰当地表达。

现在有了强大的 AI,快来创作富有美感的散文吧!

第一步,总结特征。想快速写出一篇优美的散文,可以先让 AI 总结优秀散文的特征。

问 请你总结《荷塘月色》和《海上日出》这两篇散文的特征。

答 《荷塘月色》和《海上日出》都是现代散文的经典,它们具有以下特征。

《荷塘月色》

1. 清新自然的描写:散文以荷塘为背景,描绘了荷叶、荷花、荷塘等自然景观,给人以清新自然的感受。

2. 生动细腻的描写:散文描写细致入微,如描写荷叶像亭亭的舞女的裙,让读者仿佛身临其境。

《海上日出》

1. 壮丽的场面描写:散文以海上观看日出为主题,描绘了壮丽的海景,给人强烈的冲击。

2. 形象的细节描写:散文描写了日出前的天空颜色,太阳初起时云空的变化等,绝美的景色跃然纸上。

第二步，生成散文。 让 AI 根据总结的特征，结合设定的主题，生成一篇散文。

问 很好，请你根据以上特征，创作一篇关于雪花的短篇散文。

答 雪花，是大自然馈赠的神奇礼物。它们从天空飘落时，犹如一朵朵洁白的花瓣，在阳光的照耀下，闪闪发亮。

看雪花，就像看一幅美丽的画。它们有各种各样的形状，有的像鹅毛，有的像蝴蝶，有的像柳絮。它们飘舞着，仿佛在跳一场美妙的芭蕾舞。

雪花让世界变得洁白而宁静。在下雪的日子里，大地被染成了银白色。雪花落在草地上，让草变成了白色的绒毛；落在树枝上，让树变成了冰雪的童话世界。

雪花还会让我们感受到一种静谧的氛围，人们会沉浸在这种安静的感觉中，享受一份内心的平静和宁静。

…………

第三步，增加情感。 AI 根据优秀散文总结而生成的内容，在描写自然景观的同时，也会升华到思想感悟的层面，但是情感融入不够充分。因此可以让 AI 从引发读者共鸣的角度优化。

问 我觉得这篇散文很难引起读者的共鸣，你能写得更有温度一点吗？

答 非常感谢您的建议，我会尽力改进我的回答。

漫天飞舞的雪花，每一片都是独一无二的，仿佛一朵朵在天空中跳舞的梦幻的花儿。看着雪花在空中飘舞，我想到了小时候，家乡的冬天总是银装素裹，整个世界都变得那么纯净、美丽。

我喜欢用手捕捉那些雪花，它们冰凉而柔软，落在手心里，瞬间化成水珠。那时的我总是兴高采烈地堆雪人，打雪仗，一点都不怕冷，因为每一片雪花都能带给我无穷的欢乐。
…………

第四步，自我反馈。如果 AI 在散文中增加共鸣之后，创作者仍然觉得不够好，可以直接让它评价自己的创作。

问 请你评价一下自己写的这篇散文。

答 我认为这篇关于雪花的散文比之前更具有温度和情感，有更多的细节描写，更能够引起读者的共鸣。在文章中，作者以自己的经历和感受为基础，通过对雪花的描述和想象，将读者带入一个冬日的世界，让读者感受到雪花的美丽和带来的幸福，也传达了爱护环境、珍惜时光的深刻意义。当然，文章还有不足之处，例如语言表达上可能有些平淡。

第五步，再次优化。这时候 AI 总结了自己创作中的不足，根据反馈让它再次进行优化。

问 你尝试一下改进表达方式，继续优化这篇散文吧！

答 漫天飞舞的雪花，每一片都独一无二，仿佛是天空中绽放的梦幻花朵。
眼前的雪景让我回想起小时候，每到冬天，家乡就成了一个白色的王国，银装素裹，美不胜收。
我喜欢伸出手掌，尝试去抓那些飞舞的雪花。它们冰凉又柔软，落在手中瞬间化成水珠。
那时的我，总是兴高采烈地堆雪人，打雪仗，一点也不怕寒冷，因为雪花带给我的快乐是无可比拟的。
…………

> **注意事项**
>
> *1.* 学会让 AI 增加情感的表达,让它的创作更有温度。由于 AI 是通过学习生成内容的,其表达相对僵硬和冰冷,难以直接创作出富有情感的内容。因此我们可以通过点拨它来尽量弥补情感表达上的不足。
> *2.* AI 的创作虽然无法媲美专业作家,但它能提供丰富的素材,可以帮助我们更好地创作。

> **拓展练习**
>
> *1.* 让 AI 创作一篇描写春天美景的散文,注意文章中不要出现"美"这个字。(AI 创作的文章可能还是会有"美",你可以向它反馈,让它修改。)
> *2.* 让 AI 根据下面这句话扩写一篇散文。
> 你站在小路的这一端,看着他逐渐消失在小路转弯的地方,而且,他用背影告诉你:不必追。

*8.7*_ 记录生活点滴

很多人长大后因为工作和生活的压力而放弃了写日记。

其实,写日记不仅可以记录生活中的重要时刻,还可以释放情绪、缓解压力、培养自我意识。尤其是有了 AI 这样的工具,人们可以更高效地记录生活,并且顺其自然地发散思维。

第一步,交代背景。让 AI 了解创作者的身份和目的。如果想让它写日记,就要先让它明白在什么时间、在哪里、发生了什么事。

> **问** 我是一名职场新人,需要写一篇日记,记录自己在元旦参加公司年会的一天。你理解吗?

答 当然，我完全理解。

　　第二步，生成框架。 记录职场的日记一般与记录生活的不同。让 AI 结合职场新人的背景，看看它会给出一个怎样的日记框架。

问 现在我需要写一篇"元旦参加公司年会"的日记，你觉得应该用什么思路，可以给我提供框架吗？

答 写日记时，最重要的是让自己的思路清晰明确，记录下那些印象深刻的经历和感受。以下是一种写作框架供您参考。

  1. 事件回顾：简要回顾元旦当天参加公司年会的活动内容，描述一些具体的细节和活动场景。
  2. 感受和体验：记录当时的感受和体验，例如您对活动内容的喜爱或者不满，以及与同事之间的互动等。
  3. 收获成长：记录您参加公司年会的收获，例如加深了对公司文化的理解，提升了职场技能等。
  4. 展望未来：表达您对未来的期望和计划，以及在职业生涯中希望通过参加更多的公司活动来实现自己的目标。

　　第三步，生成日记。

问 很好，那么请你按照框架帮我写完这篇日记。

答 日期：2024 年 1 月 1 日

地点：公司年会现场

今天是元旦，我第一次参加公司年会……

早上 8 点，我和同事们一起来到会场……

参加公司年会让我收获颇丰……

在未来的日子里……

这是一次难忘的经历，我会将其珍藏在心中，并不断地努力工作，为公司的发展贡献自己的力量。

第四步，反馈优化。 继续向 AI 反馈，如"有些浅显""很幼稚"，并让它生成更好的日记。

问 这篇日记写得有些浅显，给人很幼稚的感觉，应该怎么优化一下，让这篇日记更有内涵呢？请帮我再改写一下。

答 以下是改写的范例。

日期：2024 年 1 月 1 日

地点：公司年会现场

今天是元旦，我第一次参加公司年会……

在会场上……

除了感受到公司文化的内涵，我也从活动中获得了许多职场的经验和启示……

我意识到自己在职场上还有很多需要学习和改进的地方……

在未来的工作中，我会积极参加公司的各种活动，不断锻炼自己……

这次公司年会不仅让我更深入地了解了公司的文化和理念……

> **注意事项**
>
> **1.** 提前向 AI 交代背景信息，如时间、地点、人物、事件等，以便更好地和它对话，从而得到较为理想的内容。
>
> **2.** 即使向 AI 提供同样的设定，它也可以生成不同的日记。在与 AI 对话时，让其明白你的目的，多次询问，它就能生成多篇日记，你可以从中挑选出精华部分，组合成最符合你预期的日记。

拓展练习

1. 假设你想在日记中表达对今天工作的不满，询问 AI 如何写得有趣一些。
2. 假设你是一名销售人员，要写篇日记记录今天和客户沟通的感受，询问 AI 有什么建议。

8.8 书写独一无二的人生

现在越来越多的人有写自传的愿望，即使他们很平凡，但每个人的人生都是独一无二的，值得被记录下来。

然而，由于各方面原因，能独立写出一本有可读性的自传的人还是少数。现在机会来了，不妨试试使用 AI 来帮助我们一步步完成自传的写作，以下是具体步骤。

第一步，了解自传要素。如果不知道自传应该包含哪些要素，可以直接询问 AI。

问 一篇值得一看的人物自传，应该包含哪些要素？

答 一篇值得一看的人物自传，应该包含以下要素。

1. 人物的背景和家庭生活：介绍人物的家庭背景、教育经历等，让读者了解人物的成长环境和背景。
2. 人物的职业生涯：介绍人物的职业生涯和重要的工作经历，让读者了解人物在职业生涯中的起伏和经历。

 ……

第二步，设定身份。将基本信息提供给 AI，让它来生成内容。

问 现在假设你叫李明，70岁，是一名人民教师，要写一篇自传，你会从哪些方面入手？

答 作为一名人民教师，我会从以下几个方面入手撰写自传。
1. 个人背景：我会介绍自己的出生地、成长环境和家庭背景，让读者了解我的成长背景和家庭状况。
2. 教育经历：我会介绍自己的教育经历，包括小学、初中、高中和大学的学习经历，同时分享我选择成为一名教师的原因。
  ……

第三步，生成大纲。让 AI 结合个人情况，写出自传的框架。在开始写自传之前记得先把相关背景、荣誉、经历等内容告诉它。

问 请按照上述内容，简单写一个自传框架，不过我要提醒你，你的一生非常平凡，也没有任何光环。

答 好的，我会按照上述内容，简单写一个自传框架。
1. 个人背景：我是李明，出生在一个普通的农村家庭，成长环境简单……
2. 教育经历：我在家乡的小学、初中、高中就读，虽然学校条件简陋……
  ……

第四步，生成自传。让 AI 顺着思路生成自传内容。

问 好的，下面请按照框架写出自传，要体现出你的独一无二。

答 我是李明，一名平凡的人民教师……
毕业后，我成了一名小学教师，开始了我的职业生涯……

在教学中，我注重学生的个性化发展和素质的全面提升……

除了工作，我的个人生活也十分简单而充实……

对于未来，我希望继续从事教育工作……

最后，感谢您阅读我的自传，也希望我的经历和故事，能够为您带来一些启示，给您一些鼓励。

第五步，反馈迭代。 挑出一段重点经历，让 AI 加上生动的细节描写；也可以提出修改意见，让它进行优化。

问 请重点描写一下李明在教学方面的经历，你能把这段经历改写得重点突出、文字更加生动形象吗？

下边是李明的经历：……

答 非常感谢您的提醒和建议，以下是我在自传中关于李明的教学经历的修改。

作为一名教师，我一直坚持将学生个性化发展和素质的全面提升放在第一位……

有一名学生叫小黄，他在学习方面比较落后，缺乏自信，也经常犯懒。我尝试采用传统的教学方式帮助他，但效果并不显著……

于是，我开始尝试将他的兴趣和学习相结合，让他在学习中也能发挥创造力和想象力……

这些措施很快就取得了显著的成效，小黄的学习成绩提高了……

在这个过程中，我也深刻地意识到一名教师的职责不仅仅是传授知识，更重要的是激发学生的学习热情……

> **注意事项**
>
> 如果对要创作的内容不了解，可以直接问 AI 这是什么、要怎么做，它会非常详细地告诉我们答案。

> **拓展练习**
>
> 1. 假设你是一位经验丰富的医生,想写一篇自传,内容要精彩、生动。询问 AI 怎么写。
> 2. 老张 90 岁,是一名上过战场的老兵,让 AI 用《苏东坡传》的风格帮老张写一篇自传。
> 3. 老李想写一篇自传,但是老李的一生平淡如水,询问 AI 有什么技巧能让老李的自传更有趣。

8.9 父母哄娃不发愁

孩子总是天马行空,父母却往往跟不上他们的节奏。不知道大家是否遇到过孩子要听故事,却不愿意听经典的故事,需要现场编故事来满足他们的好奇心的情形?

如果你能熟练使用 AI,那么孩子想听什么样的故事都能马上满足。下面的场景你遇到过几个?

场景一:随机故事。

可以让 AI 随机生成故事,只需告诉它孩子年龄和想要的故事风格等需求即可。

问 你是一名故事创作者,现在我需要一个适合 4 岁小朋友的故事,请创作。

答 《小熊的探险》

小熊奶油是一个勇敢的探险家,他喜欢探索森林,结交新的朋友和发现美好的事物。今天,他决定前往一片陌生的森林探险。

他穿过茂密的树林,跨过小溪和石头,走了很长时间,终于来到了一片美丽的花园。在那里，他遇到了一只可爱的小白兔，一只蓝色的小鸟，还有一只橙色的小松鼠。他们在一起交流，分享各自的故事，变得越来越亲近。

……………

场景二：关键词故事。

某天去了动物园，孩子摸到了海豚，晚上回家非要听关于海豚的故事。

问 我想要一个故事，关键词：海豚、冒险，请你帮我创作一个适合6岁小朋友的故事。

答 当年轻的海豚小乐离开家族，踏上了自己的冒险旅程时，他并不知道将会面对什么。他游过大海，穿过珊瑚礁和暗礁区，寻找新的朋友。

在旅途中，他遇到了一只受伤的小海龟。小乐没有犹豫，马上决定帮助他。

……………

场景三：组合故事。

孩子要听孙悟空和奥特曼拯救世界的故事。

问 我的孩子5岁，他想听孙悟空和奥特曼拯救世界的故事，你能帮我创作吗？要有趣一点。

答 孙悟空和奥特曼成了最好的朋友，并且喜欢一起玩冒险游戏。他们发现了一群外星怪物正企图毁灭地球，于是决定合作拯救地球。

……………

场景四：多个故事。

小白兔和大灰狼的故事讲过很多次，但孩子还想要听到新奇的剧情。

问 关于小白兔和大灰狼的故事,我需要你帮我创作4个不同的故事,都要适合7岁以内的小朋友。

答 好的,以下是4个不同版本的小白兔和大灰狼的故事。

版本1:勇敢的小白兔

小白兔是一只非常勇敢的兔子。有一天,他走在森林里,突然听到了大灰狼的咆哮声。他知道这很危险,但他不怕,因为他想保护他的家人和朋友。
…………

版本2:聪明的小白兔

小白兔是一只非常聪明的兔子。有一天,他在森林里遇到了大灰狼,大灰狼想吃掉他,小白说自己是国王的朋友,如果大灰狼吃了他,国王会非常生气,并会发动战争。
…………

版本3:善良的小白兔

小白兔是一只非常善良的兔子。有一天,他遇到了大灰狼。大灰狼说他很饥饿,想吃小白。小白兔很害怕,但他知道大灰狼只是因为饥饿才会攻击他,于是他决定和大灰狼分享食物。
…………

版本4:团结的小白兔

有一天,小白兔和大灰狼在森林里遇到了一只邪恶的狐狸,他想要掌控整片森林,并把所有的动物变成他的奴隶。小白兔和大灰狼知道这是非常危险的,于是他们决定团结起来,和其他动物一起对抗狐狸。
…………

可以看到,AI在创作适合小朋友的故事方面十分得心应手。不论是随机创作、根据关键词创作,还是组合创作,都能迅速完成。

> **注意事项**
>
> 1. 在创作之前，先明确需求和需要满足的条件，如故事风格、字数和年龄等，这样可以让 AI 快速地创作出符合要求的故事。
> 2. 如果发现 AI 创作的内容不够有趣、过于恐怖或者小朋友不喜欢，可以反馈给 AI 并提出需求，让它重新生成故事或进行优化。

> **拓展练习**
>
> 1. 让 AI 创作一个故事，当 3 岁的孩子哭时能用这个故事哄好他，故事内容要符合 3 岁小孩的兴趣。
> 2. 让 AI 创作两个故事，目的是引导 6 岁的小女孩学会自己穿衣服和整理房间。

8.10_ 解决家庭教育问题

用户可以通过循环提问，让 AI 提供解决亲子、情侣之间问题的具体方案。

问 我和我的孩子经常发生冲突，我该怎么办？

答 你可以尝试和你的孩子建立良好的亲子关系，表达你对他的爱和关心，同时尊重他的想法和感受。

问 下面请你给出一个更具体的方案，要求实用性比前面的更强。

答 你可以定期和你的孩子进行一些有趣的活动，比如玩游戏、看动画、做手工等，以增加你们的互动。这样可以让你们有更多共同的话题和经历，减少对立和相互抵触，增加彼此的信任和支持。

（更多内容，略）

8.11_ 生成食谱

有了 AI 技术的辅助，我们再也不必为每日三餐的选择而犯愁。AI 能够根据个人口味偏好、营养需求、食材偏好、饮食限制（如素食、无麸质、低脂等）等多种因素，为我们量身定制出既美味又健康的食谱。在利用 AI 生成食谱之前，最好提供一些具体信息，比如，明确告知 AI 就餐人数、个人口味等。

问 你是一名营养师，现在需要为两个人设计一份素食食谱，请提供。

答 当然可以！以下是一份为两人设计的素食食谱，包括早餐、午餐、晚餐和小吃。这份食谱旨在提供丰富的营养，包括蛋白质、膳食纤维、维生素和矿物质。

早餐
燕麦粥（配以蓝莓、香蕉和坚果碎）
一杯豆浆或杏仁奶

午餐
藜麦沙拉：煮熟的藜麦，切碎的彩椒、紫洋葱、黄瓜、樱桃番茄、鳄梨和菠菜，可加入罗勒、薄荷或香菜。

晚餐
糙米：与咖喱一起食用，可提供更丰富的营养和口感。
蒸西兰花和胡萝卜：可用一点橄榄油、柠檬汁和黑胡椒调味。

小吃
坚果和干果：杏仁、核桃、腰果和葡萄干等。
蔬菜配脆皮豆：胡萝卜、黄瓜和芹菜等蔬菜搭配脆皮豆。

请注意,这份食谱是通用的素食建议,您可以根据个人喜好和营养需求进行调整。如有特殊饮食需求或过敏症状,请咨询专业营养师。

拓展练习

1. 让 AI 生成两人份的晚餐食谱,需要营养均衡,希望食谱中包含丰富的膳食纤维和蛋白质,同时控制糖分和脂肪的摄入量。
2. 假设周末你有三位朋友来家里做客,其中一位不喜欢吃羊肉,让 AI 提供适合 5 人的午餐食谱,要求:制作过程简单;不要有煎炸类食品;天气较冷,希望有些暖身的食物;食材容易买到。

8.12 规划旅游行程

如果因为忙而没有时间规划旅游行程,我们可以让 AI 整合多个平台的信息,然后给出推荐,根据自己的需求和喜好筛选出合适的目的地。

问 针对即将到来的国庆节长假,请整合马蜂窝、携程旅行网、去哪儿网的旅游信息,分析旅游景点、住宿、交通和餐饮等方面的信息,为我推荐一个适合一家三口出游的目的地并规划行程安排。要求:行程按 6 天时间安排,不要选择著名的景点,我喜欢人少的深度游。

答 我为您推荐一个适合一家三口出游的目的地——云南腾冲,并规划一个为期 6 天的深度游行程。腾冲以其独特的自然风光、丰富的文化底蕴和相对较少的游客量,非常适合追求深度游的家庭。

目的地推荐:云南腾冲

景点特色

- 银杏村:金秋时节的腾冲银杏村,金黄的银杏叶铺满整个村庄,仿佛置身金色的童话世界,非常适合家庭拍照留念。
- 和顺古镇:一个充满历史韵味的小镇,有着保存完好的明清建筑和独特的侨乡文化,适合漫步在石板路上,感受古镇的宁静与古朴。
- 火山地热国家地质公园:腾冲是中国著名的地热之乡,这里可以近距离接触火山口,体验温泉,享受大自然的鬼斧神工。
- 北海湿地:一片独特的浮毯型草甸湿地,秋季水草丰美,景色宜人,是亲子游的好去处。

行程安排(6天)

第一天:抵达腾冲,入住酒店
- 交通:建议选择飞机直达腾冲驼峰机场,再转乘当地交通工具前往酒店。
- 住宿:推荐选择腾冲市区或和顺古镇附近的酒店,便于后续出行。
- 晚餐:品尝腾冲特色美食,如土锅子、大薄片、稀豆粉等。

第二天:和顺古镇深度游
- 上午:游览和顺图书馆、元龙阁、艾思奇故居等,了解古镇的历史文化。
- 下午:漫步在和顺小巷中,体验当地人的生活,尝试制作一些手工艺品。
- 晚上:在和顺古镇内享用晚餐,并观看古镇夜景。

第三天:银杏村赏秋
- 全天:前往银杏村,欣赏金黄的银杏叶,拍照留念。可以租借自行车或步行游览,享受自然的宁静与美好。
- 午餐:在银杏村内享用农家菜,体验乡村风味。
- 晚上:返回腾冲市区或和顺古镇住宿。

第四天:火山地热国家地质公园探险
- 上午:前往火山地热国家地质公园,参观火山口、热海等自然景观。
- 下午:体验温泉,放松身心。
- 晚餐:在公园附近或返回腾冲市区享用晚餐。

第五天:北海湿地生态游
- 全天:前往北海湿地,乘船游览湿地,观赏水草丰美的景象。可以在湿地内进行徒步或骑行,近距离接触自然。
- 午餐:在湿地附近的农家乐享用午餐。

- 晚上：返回腾冲市区住宿，并自由活动，如逛夜市、品尝当地小吃等。

第六天：返程

- 上午：根据返程时间，可以选择在腾冲市区内再逛逛，购买一些特产作为纪念。
- 下午/晚上：乘坐飞机或火车离开腾冲，结束愉快的旅程。

提前预订机票、酒店和景区门票，以避免国庆假期的高峰期。

注意天气变化，适时增减衣物，并准备好必要的药品和防晒用品。

尊重当地的风俗习惯，保护自然环境，不乱扔垃圾。

考虑到国庆假期可能的人流量，尽量选择非热门时段游览，以享受更宁静的旅行体验。